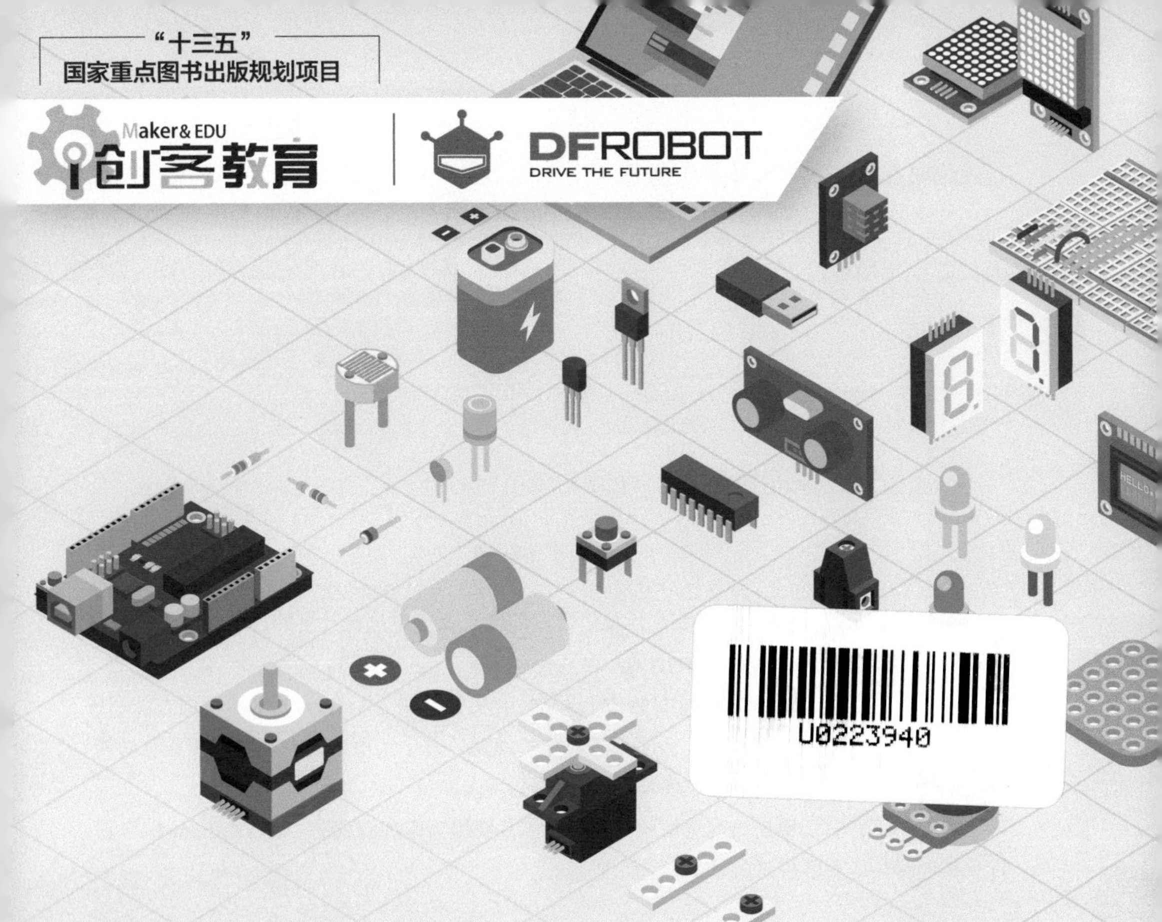

Arduino 入门基础教程

余静 DFRobot 著

15个基础的Arduino项目
正确打开Arduino的方式

人民邮电出版社
北京

图书在版编目（CIP）数据

Arduino入门基础教程 / 余静，DFRobot著. -- 北京：人民邮电出版社，2018.6
（创客教育）
ISBN 978-7-115-47845-0

Ⅰ. ①A… Ⅱ. ①余… ②D… Ⅲ. ①单片微型计算机—程序设计—教材 Ⅳ. ①TP368.1

中国版本图书馆CIP数据核字(2018)第017147号

内 容 提 要

Arduino是全球流行的开源硬件开发平台，颠覆了传统单片机开发的过程，本书将带领大家加入Arduino阵营，实现各种创意。

本书由15个基础的Arduino项目组成，分别配合实例介绍了Arduino的基本使用方法和各种扩展模块的用法，由易到难，循序渐进，精心编排，每个实例均配有电路图和具有功能注释的样例程序，帮读者从零起步掌握Arduino的用法。

书中不仅有亲切明白的观念解说，更有真实完整的实作步骤说明，适合Arduino初学者、青少年创客、编程爱好者阅读。

◆ 著　　　余　静　DFRobot
责任编辑　周　明
责任印制　周昇亮

◆ 人民邮电出版社出版发行　　北京市丰台区成寿寺路 11 号
邮编　100164　　电子邮件　315@ptpress.com.cn
网址　https://www.ptpress.com.cn
涿州市般润文化传播有限公司印刷

◆ 开本：690×970　1/16
印张：6.75　　　　2018 年 6 月第 1 版
字数：156 千字　　2025 年 2 月河北第 25 次印刷

定价：49.00 元

读者服务热线：(010)53913866　印装质量热线：(010)81055316
反盗版热线：(010)81055315

序　赏味 Arduino

意大利是一个出名厨的地方。跟中国人很像，意大利人的家庭观念也很重，所以从这个角度上讲，全世界的Arduino用户是一家人。

话说在意大利北部有一座风景如画的小镇Ivrea，小镇上有一位贤能的国王Arduin，在中国的上海，也有一位很优秀的少女——小鱼，她的家在一棵高大的海棠树下。家门口也有一条跟意大利小镇的Dora Baltea河类似的小河，只不过它属于黄浦江的一部分，没有什么能让人记得住的名字。你不要瞎猜啊，少女和国王Arduin隔着好几百年呢，这里不存在什么穿越剧一类的情节，但另一种剧情还是开始了。

后来少女小鱼收到了一盒神秘的礼物，是Arduino入门套件，打开盒子，她不太喜欢，里面都是一些类似电路板的东西，她最怕学物理了。但是盒子里面有15张设计精美的卡片，这些彩色的说明书吸引了她，她坐下来仔细端详着这一张张设计精美的卡片，上面写着01、02、03……“滴滴嗒嗒”的声音仿佛魔咒，她眼前出现了一幅幅动人的画卷。

天空中闪烁着红色的太阳，它一秒亮、一秒灭，煞是奇怪，因为这里的一天就是两秒，刚好白天1秒、黑夜1秒。远处传来警笛一样的声响，走近一看，是一个戴着一顶中间破着洞的黑色礼帽，一条腿长、一条腿短的奇怪大叔在吹口哨。人们穿着五颜六色的衣服，外套可以根据温度来增减厚度，颜色可以挥舞手臂自动调节。小鱼走上了一座桥，说是桥，其实是一座跷跷板，走过中间的部分，跷跷板突然倾斜，此时桥上像孔雀开屏一样出现了一道七彩的喷泉，前方的道路也开始闪烁着七彩的光芒。伴随着悦耳的音乐，她走下了跷跷板，来到了一座木门前，门插关儿很破旧，她向上抬了抬，门插关儿丝毫没有动，她开始四下里观察，发现有一个可以旋转的小木把手，刚好可以控制这个门插，她打开了门走了进去。

桌子上摆着一封信，信上说：“小鱼，你其实不是那个觉得自己不够漂亮，成绩也不够好的有点自卑的女孩子，你是一条大鱼，像龙那么大的大鱼。”这些字见光以后，慢慢地消退了，取而代之的是两幅图画：第一幅图画是一只老鼠钻进了大象的鼻子里面开始命令大象做这做那；第二幅图画是《封神榜》当中千里眼和顺风耳的故事。她慢慢放下了画卷，突然天空中的太阳开始闪烁得越来越快，“滴滴嗒嗒”的声音又响了起来，她的眼前又变成了那个盒子和里面的15张卡片。

后来少女长大了，网名也由小鱼变成了大鱼，出国进修，毕业以后，她加入了一家叫DFRobot的公司，其实她早就了解过这家公司，这些卡片就是这家公司设计的啊，里面有按键控制LED、温度报警器、振动开关、舵机控制、变色的灯、电磁继电器和遥控灯——就是魔法世界的各种预言，它告诉我们一条摆脱科技奴役之路的咒语——就是成为一名创客。她也自然而然地，成了本书的作者，一位我所认识的最优秀的创客教育培训师。

你一定不太理解这漏洞百出的人设，比如是谁给了少女小鱼那个Arduino入门的盒子呢？这就要靠你的想象力了，少女是一个很宽泛的年龄概念，给她盒子的可能是她的爸爸，也可能是她的同学，还可能是她的弟弟妹妹们，也可能是她的同事、朋友或者一个暗恋她的男孩、一个留作业的计算机老师，再或者就是Arduino的发明者之一——意大利大叔Massimo Banzi，或者根本没有这个人。甚至故事的主人公也可以换成你自己，但是当打开本书，看到跳动的元器件和代码向你问好的时候，你一定会相信这个故事了，而且也有了自己的版本，因为你已经开始有能力赏味Arduino的世界了。祝好，但愿吃得开心，玩得愉快。

北京景山学校　吴俊杰

2018年1月于自缚居

目 录

扫描二维码可下载项目程序包

第 0 章　初识 Arduino

Arduino是什么？

Arduino是一个开源电子原型平台，拥有灵活、易用的硬件和软件。Arduino专为设计师、工艺美术人员、业余爱好者，以及对开发互动装置或互动式开发环境感兴趣的人而设计。

Arduino可以接收来自各种传感器的输入信号，从而检测出运行环境，并通过控制光源、电机以及其他驱动器来影响其周围环境。板上的微控制器使用Arduino编程语言（基于Wiring）和Arduino开发环境（以Processing为基础）编程。Arduino可以独立运行，也可以与计算机上运行的软件（如Flash、Processing、MaxMSP）进行通信。Arduino开发环境（IDE）程序可以免费下载使用，基于各种开源程序，你可以开发出更多令人惊艳的互动作品。

Arduino是人们连接各种任务的粘合剂。要给Arduino下一个最准确的定义，最好用一些实例来描述。

- 当咖啡煮好时，你想让咖啡壶发出“吱吱”声提醒你吗？
- 当邮箱有新邮件时，你想让电话发出警报通知你吗？
- 你想要一件闪闪发光的绒毛玩具吗？
- 你想要一款具备语音和酒水配送功能的X教授蒸汽朋克风格轮椅吗？
- 你想要一套按下快捷键就可以进行实验测试的蜂鸣器吗？
- 你想为儿子制作一个《银河战士》手臂炮吗？
- 你想自制一个心率监测器，将每次骑车的记录存进存储卡吗？
- 你想自制一个能在地面上绘图、能在雪中驰骋的机器人吗？

Arduino都可以帮你实现。

Arduino诞生啦！

Arduino这个最经典的开源硬件项目，诞生于意大利的一间设计学校。其核心开发团队成员包括：Massimo Banzi、David Cuartielles、Tom Igoe、Gianluca Martino、David Mellis和Nicholas Zambetti。

据说Massimo Banzi的学生们经常抱怨找不到便宜、好用的微控制器，2005年冬天，Massimo Banzi跟朋友David Cuartielles讨论了这个问题。David Cuartielles是一位西班牙籍芯片工程师，当时在这所学校做访问学者。两人决定设计自己的电路板，并引入了Banzi的学生David Mellis为电路板设计编程语言。两天以后，David Mellis就写出了程序。又过了3天，电路板就完成了。这块电路板被命名为Arduino。即使你不懂计算机编程，也能用Arduino做出很酷的东西，比如根据传感器检测到的数据做出回应、闪烁灯光、控制电机。

Arduino名称的由来

意大利北部有一个如诗如画的小镇“Ivrea”（伊夫雷亚），它横跨蓝绿色的Dora Baltea河，最著名的故事是关于一位受压迫的国王的。公元1002年，出生在这里的国王Arduin成为意大利的统治者，不幸的是，两年后他就被德意志国王、后来的神圣罗马帝国皇帝亨利二世给废掉了。今日，在这位不幸国王的出生地，Cobblestone街上有家酒吧取名为“di Re Arduin”，据说就是为了纪念这位国王。Massimo Banzi经常光顾这家酒吧，后来他将自己的电子产品命名为Arduino以纪念这个地方。

认识Arduino UNO

先来简单地看一下Arduino UNO。图0.1中有标识的部分为常用部分。图中标出的数字口和模拟口就是常说的I/O口。数字口有0~13（通常写为D0~D13），模拟口有A0~A5。

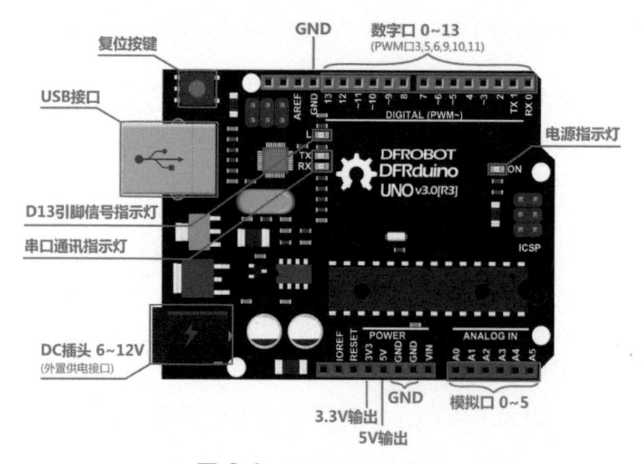

图 0.1　Arduino UNO

除了最重要的I/O口外，还有电源部分。Arduino UNO可以通过两种方式供电，一种通过USB供电，另一种通过外接6~12V DC电源供电。除此之外，它还有4个LED和复位按键。简单说一下4个LED：ON是电源指示灯，通电就会亮了；L是接在数字口13上的一个LED，后面有样例来说明怎么使用；TX、RX是串口通信指示灯，在下载程序的过程中，这两个灯就会不停闪烁。

初次使用

1. 下载Arduino IDE

打开浏览器，搜索Arduino官网，点击软件下载。

进入页面后，找到图0.2所示部分。

Arduino 1.0.5

Download

Arduino 1.0.5 (release notes), hosted by Google Code:

- Windows Installer, Windows (ZIP file)
- Mac OS X
- Linux: 32 bit, 64 bit
- source

图 0.2 下载与自己操作系统相对应版本的 Arduino IDE

Windows用户，单击“Windows(ZIP file)”进行下载，Mac OS、Linux用户则需选择相应的操作系统来下载。

下载完成后，解压文件，把整个Arduino 1.0.5文件夹放到计算机里熟悉的位置，便于之后查找。打开Arduino 1.0.5文件夹，就能看到图0.3所示的内容。

图 0.3 Arduino 1.0.5 文件夹的内容

2. 安装驱动程序

把USB线一端插到Arduino UNO上，另一端连接到计算机。连接成功后，Arduino UNO板的红色电源指示灯ON亮起。然后，打开“控制面板”，选择“设备管理器”（见图0.4）。

图 0.4　打开“控制面板”，选择“设备管理器”

找到“其他设备”→“Arduino-xx”，右键单击，选择“更新驱动程序软件”（见图0.5）。

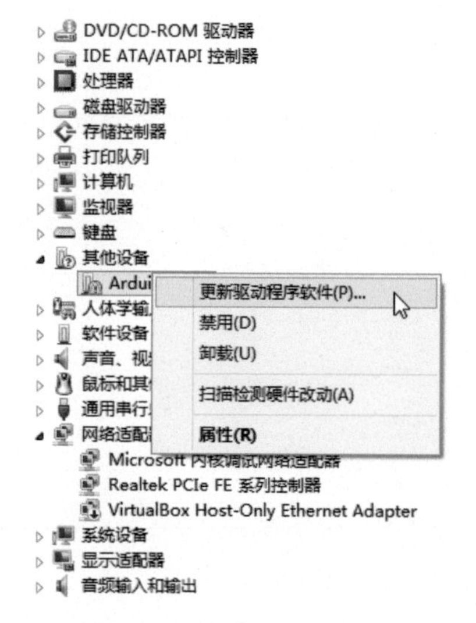

图 0.5　在 Arduino 设备名上右键单击，选择“更新驱动程序软件”

在弹出的对话框中选择“手动查找并安装驱动程序软件”（见图0.6）。

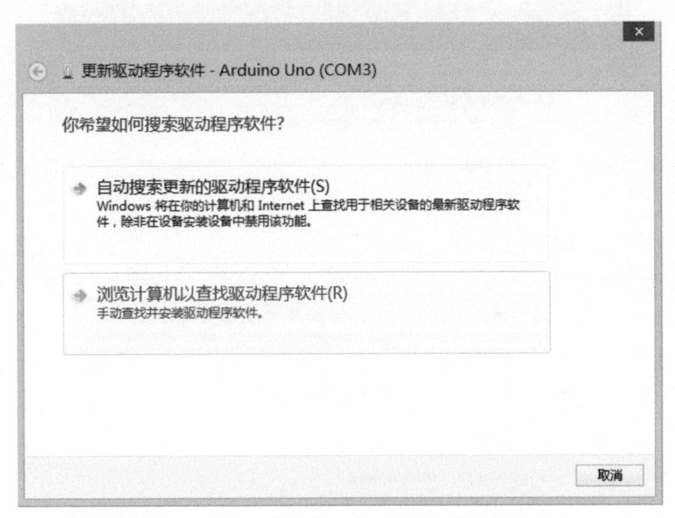

图 0.6　选择“手动查找并安装驱动程序软件”

在“浏览”中选择Arduino IDE的安装位置，就是上面那个解压文件夹的位置，选择搜索路径到其中的drivers子文件夹，单击“下一步”（见图0.7）。

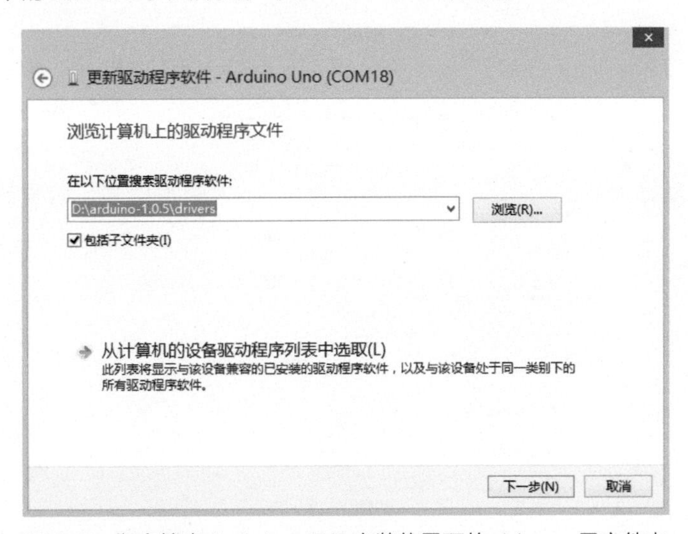

图 0.7　指定搜索 Arduino IDE 安装位置下的 drivers 子文件夹

选择“始终安装此驱动程序软件”（见图0.8）。

出现图0.9所示界面，说明驱动程序安装成功。

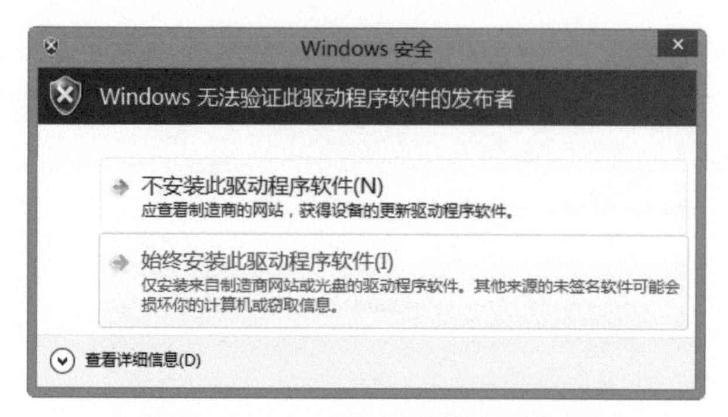

图 0.8 选择“始终安装此驱动程序软件”

图 0.9 驱动程序安装成功

此时，设备管理器的“端口”里会显示Arduino板的串口号，这里是COM18（见图0.10）。

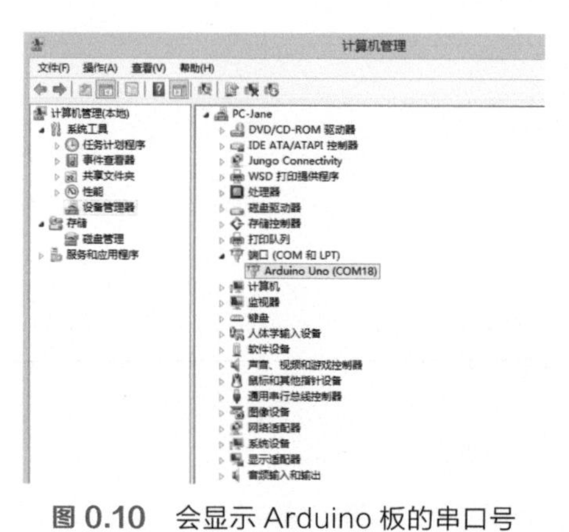

图 0.10 会显示 Arduino 板的串口号

3. 认识Arduino IDE

打开Arudino IDE，就会出现编辑界面（见图0.11）。

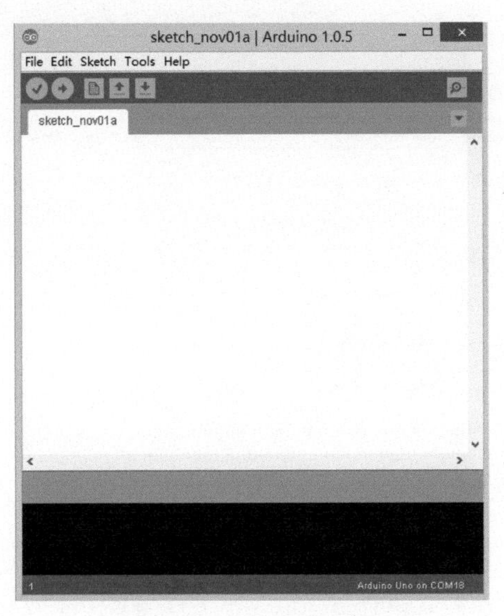

图 0.11　Arudino IDE

如果你不太习惯英文界面，可以选择菜单“File”→“Preferences”（见图0.12），将其更改为中文界面。

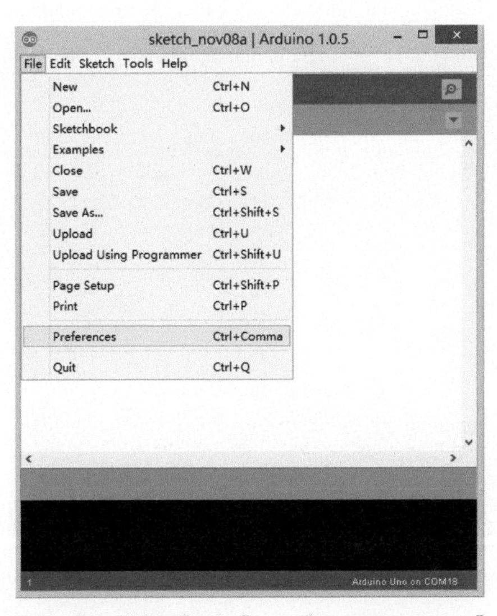

图 0.12　选择“File”→“Preferences”

之后会跳出图0.13所示的对话框，选择“Editor language”→“简体中文”，单击“OK”。

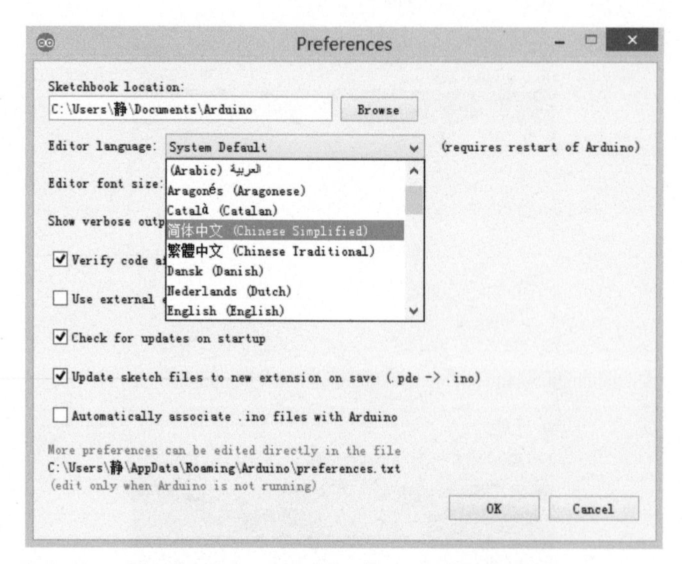

图 0.13　选择“Editor language”→“简体中文”单击“OK”

关闭Arduino IDE，重新打开，就是中文界面了（见图0.14）。

图 0.14　中文界面

先简单认识一下Arduino的这个编译器，以后可是要经常和它打交道的。

Arduino IDE是Arduino的软件编辑环境。简单地说，就是用来写程序、下载程序的地方。任何Arduino产品都需要下载程序后才能运行。我们所搭建的硬件电路是用来辅助程序完成工作的，两者缺一不可，与人通过大脑来控制肢体活动是一个道理。如果Arduino是大脑的话，外围硬件就是肢体，肢体的活动取决于大脑，而硬件实现的功能取决于程序。

Arduino IDE基本上只需要用到图0.15所标示出来的部分就可以了，图上占很大面积的白色区域就是程序的编辑区，用来输入程序。注意，输入程序时，要切换到英文输入法。下面黑色的区域是信息提示栏，会显示编译或者下载是否通过。

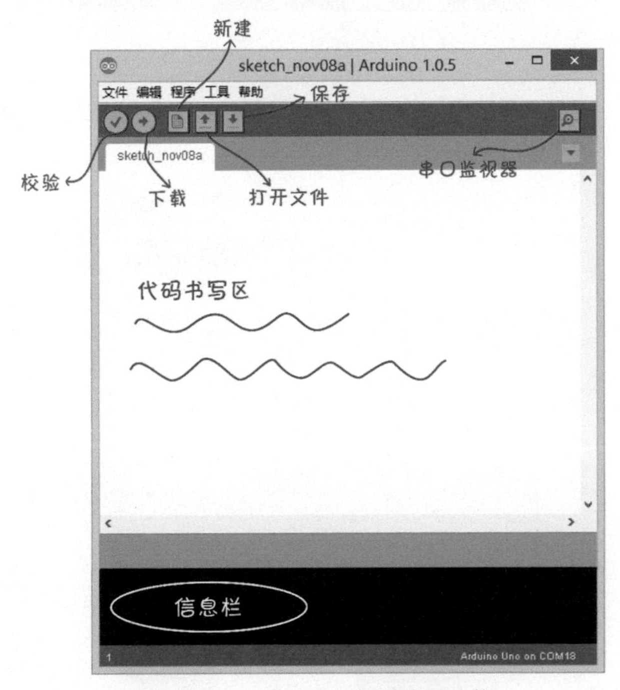

图 0.15　Arduino IDE 的常用功能

4．下载一个Blink程序

下载一个最简单的程序，可以帮你熟悉下载程序的整个过程，同时也可以测试一下板子是否完好。Arduino UNO板上有个标有“L”的LED（见图0.16），这段测试程序的功能就是让这个LED闪烁。

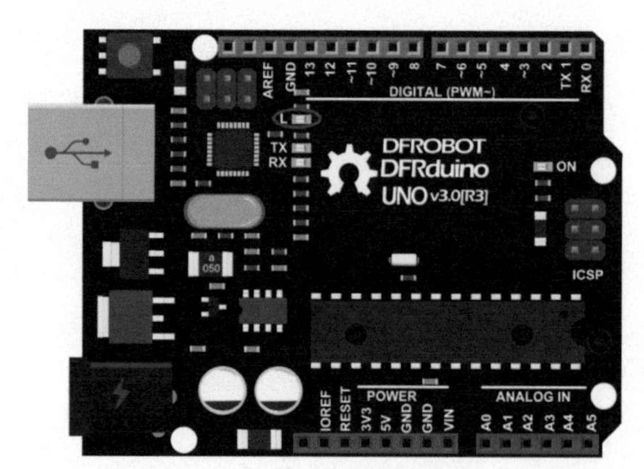

图 0.16　标有“L”的 LED

插上USB线，打开Arduino IDE后，找到“示例”里的“Blink”程序（见图0.17、图0.18）。

图 0.17　找到“示例”里的“Blink”程序

通常，写完一段程序后，我们都需要单击“校验”按键（见图0.19）编译程序来校验一下，看看程序有没有错误。

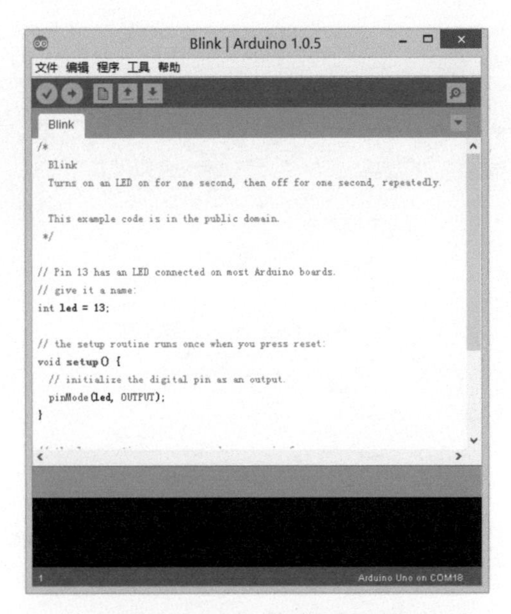

图 0.18 打开“Blink”程序

图 0.19 单击“校验”按键

图0.20显示程序正在编译中。

图 0.20 程序正在编译中

编译完毕（见图0.21）！

由于是样例程序，所以校验不会有错误，在以后写程序的过程中，输入完程序，都需要校验一下，然后再下载到Arduino中。

在下载程序之前，我们还要先告诉Arduino IDE板子型号以及相应的串口号。

单击“工具”→“板卡”，选择所用的板卡类型，这里是“Arduino UNO”（见图0.22）。

图 0.21　编译完毕

图 0.22　选择所用的板卡

在“工具”→“串口”中选择当前的串口（COM口），请根据你的设备管理器中的显示选择（见图0.23）。

图 0.23　选择当前的串口

最后，单击“下载”按键（见图0.24）。

图 0.24 单击“下载”按键

下载完毕（见图0.25）！

图 0.25 下载完毕

以上就是给Arduino下载Blink程序的整个过程。

以后下载程序照着这个步骤做就可以了。再理一下思路，下载程序分为3步：编译校验→选择板卡类型和串口号→下载。

第1章 LED闪烁

让我们开始吧！

从LED开始我们的Arduino之旅吧！你将学会像检测按键输入一样控制Arduino的各种输出。在硬件方面，你将学习到有关LED、按键和电阻的内容，这对于之后的项目非常重要。在这个过程中，你将接触Arudino编程——编程其实也没你想象的那么困难。让我们从一个最基本的项目做起，使用Arduino控制一个外部LED闪烁。

在第一个项目中，我们将重复使用之前的那个测试程序——Blink程序。有所不同的是，这里我们需要外接一个LED到数字引脚，而不是使用焊接在开发板上的LED（也就是“L”灯），以便清晰地认识LED的工作原理和学习一些硬件电路的搭建方法。

所需元器件

- 1×Arduino UNO或兼容板（以及配套的USB数据线）

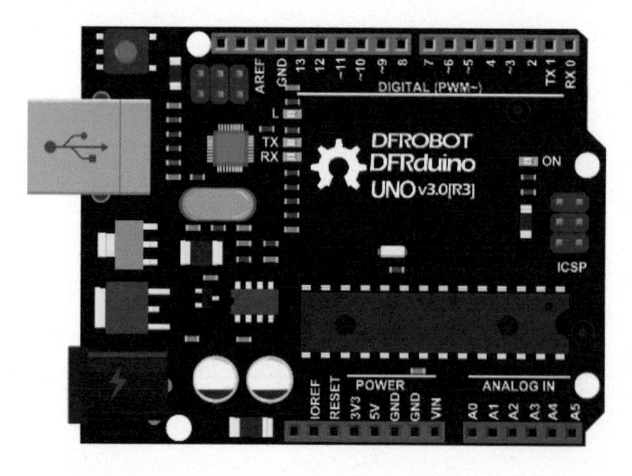

1× 原型扩展板（Prototype Shield）+面包板

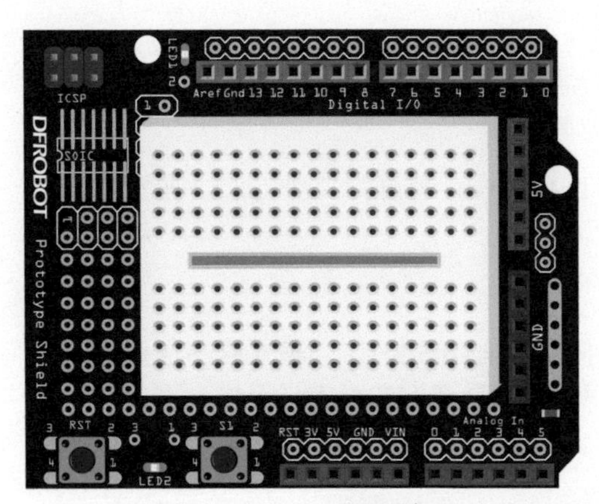

- 若干彩色面包线
- 1×5mm LED
- 1×220Ω 电阻 *

*这里仅为示意图，具体阻值可能根据你所使用的LED的不同而改变，后面会说明如何计算这个阻值。

硬件连接

首先，取出原型扩展板和面包板，将面包板背面的双面胶揭下，粘贴到原型扩展板上。再取出Arduino UNO，把贴有面包板的原型扩展板插到Arduino UNO上。取出所有元器件，按照图 1.1 所示连接。

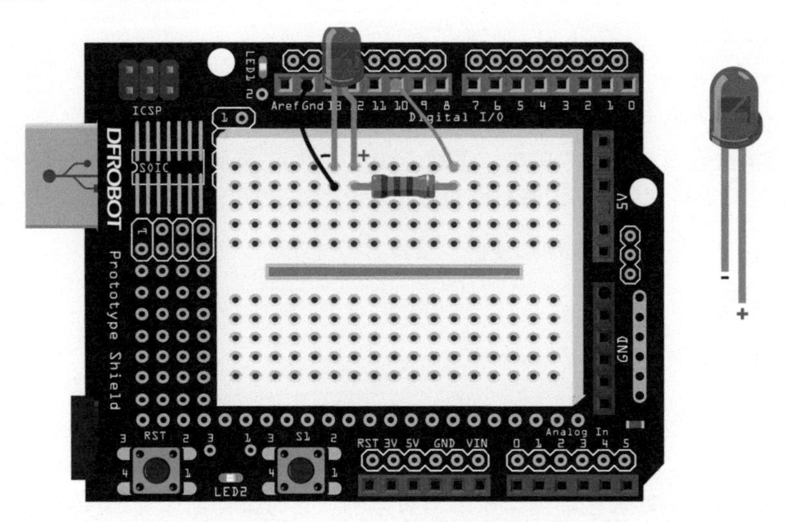

图 1.1　LED 闪烁连接示意图

用绿色和红色的面包线连接（图1.1中，绿色的为数字口、蓝色的为模拟口、红色的为电源Vcc、黑色的为GND、白色的可随意搭配），使用面包板上其他孔也没关系，只要元器件和线的连接顺序与图1.1保持一致即可。

请确保LED连接正确，LED长脚为正极（+），短脚为负极（-），连接完成后，给Arduino接上USB数据线，供电，准备下载程序。

输入程序

打开Arduino IDE，在程序编辑区中输入样例程序1.1。输入程序也是一种学习编程的过程，虽然我们提供程序压缩包下载，但还是建议初学者自己输入程序，亲身体验一下。

样例程序1.1

```
//项目1 LED闪烁
/*
描述：LED每隔1s亮灭交替一次
*/
int ledPin = 13;
void setup() {
  pinMode(ledPin,OUTPUT);
}
void loop() {
  digitalWrite(ledPin,HIGH);
  delay(1000);
  digitalWrite(ledPin,LOW);
  delay(1000);
}
```

输入完毕后，单击Arduino IDE的“校验（Verify）”按键，查看输入的程序是否编译成功。如果显示没有错误，单击“下载（UpLoad）”按键，给Arduino下载程序。以上每一步都完成后，你应该可以看到面包板上的红色LED每隔1s亮灭交替一次。

现在让我们来回顾一下程序和硬件，看看它们是如何工作的。

程序回顾

程序的第一行如下所示：

```
//项目1 LED闪烁
```

这是程序中的说明文字，叫作注释，是以“//”开始的，这个符号所在行之后的文字将不被编译器编译。注释在程序中是非常有用的，它可以帮助你理解程序。如果项目比较复杂，自然而然，程序也会随之变得很长，而此时注释就会发挥作用，可以帮你快速回忆起这段程序的功能。同样，当把你的程序分享给别人时，别人也会很快理解你的程序。

还有另外一种写注释的方式，以“/*”开头，以“*/”结尾,这对符号的作用是可以注释多行，这也是与上一种注释方式的区别之处。在/*和*/中间的所有内容都将被编译器忽略，不进行编译。IDE将自动把注释的文字颜色变为灰色。

例如以下文字：

```
/*在这两个符号之间的文字，
都将被注释掉，编译器自动不进行编译，
注释掉的文字将会呈现灰色 */
```

注释接下来的一行是：

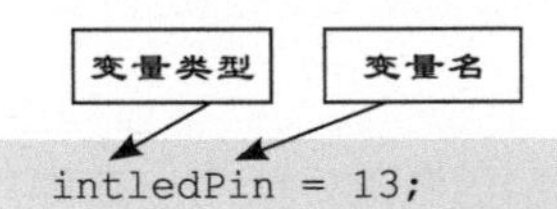


```
intledPin = 13;
```

这就是所谓的变量声明，变量是用来存储数据的。在这个例子中，我们用的类型是int型（整型），可以表示一个在-32768到32767之间的数。变量的类型，是由你存储的内容来决定的。这里我们存储的是13这个整数。ledPin是变量名（变量名其实就是这个变量的一个名字，代表这个值。当然，也可以不叫ledPin，按你的喜好来取），变量名最好根据变量的功能来取。ledPin这个变量表示LED和Arduino的哪个引脚（这里是数字口13）相连。

在声明的最后用一个“;”来表示这句语句的结束。分号必不可少！而且必须切换到英文输入法来输入分号。

何为变量

我们做个这样的比方：变量好比一个盒子，盒子的空间用来存放东西，想要放的东西一定要比盒子小，那样才放得下，否则会溢出。变量也是一样，你存储的数据一定要在变量的范围内，否则会出现溢出。

之所以叫变量，是因为程序在运行过程中可以改变它的值。程序中，有时候会对变量值进行数字计算，变量的值也会随之发生变化。在以后的项目中，我们会有深入了解。

在给变量起名字时，还需要强调一点：在C语言中，变量名必须以一个字母开头，之后可以包含字母、数字、下划线。注意C语言认为大小写字母是不同的。C语言中还有一些特定的名称也是不能使用的，比如main、if、while等。为了避免有人将这些特定名称作为变量名，所有这些名称在程序中显示为橙色。

接下来是setup()函数:

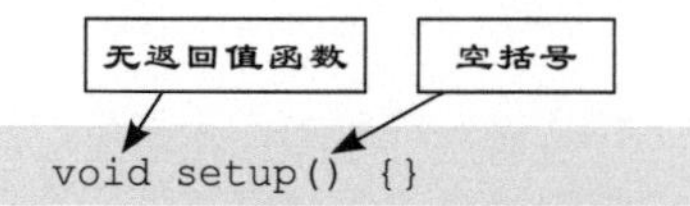


```
void setup() {}
```

在这个程序里有两个函数，一个叫作setup，它的目的主要是loop函数运行之前为程序做必要的设置。在Arduino中程序运行时将首先调用 setup() 函数，用于初始化变量、设置针脚的输出/输入类型、配置串口等。每次 Arduino 上电或重启后，setup 函数只运行一次。

函数内部被花括号括起来的部分将会被依次执行，从“ {”开始，以“ } ”结束。两个符号之间的语句都属于这个函数。

函数

函数通常为具有一个个功能的小模块，这些功能的整合，组成了我们的整段程序，实现完整的功能。这些功能块也能被反复运用。这时，就体现出函数的好处了。在程序运行过程中，有些功能可能会被重复使用，所以只需在程序中调用一下函数名就可以了，无需重复编写。而setup()和loop()函数比较特殊，一段程序中只能使用一次，不能反复调用。

还有一个概念我们需要了解一下，就是函数的返回值，我们可以理解为是一种反馈。在函数中是如何体现有无返回值的呢？那就是函数的声明，比如“ void ”就是函数无返回值的信号，并且后面的括号内为空，我们之后会经常用到。带返回值的函数，我们先不做说明，有兴趣的可以去网上了解一下。

你是否对函数有一个简单的概念了呢？不明白也没关系，在我们之后的项目还会涉及。

setup()函数内只有一条语句，那就是pinMode函数。

```
pinMode(ledPin,OUTPUT);
```

函数格式如下:

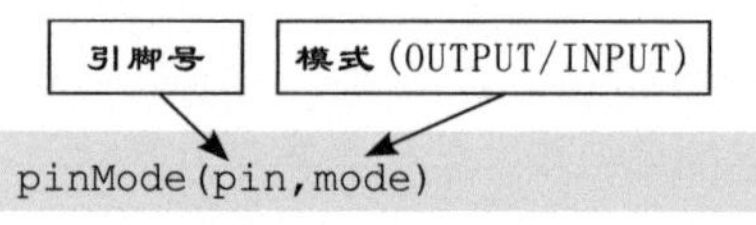


```
pinMode(pin,mode)
```

这个函数是用来设置Arduino数字口的模式的，只用于数字口定义是输入(INPUT)还是输出(OUTPUT)。在函数的括号内包含两个参数，串口号以及串口的模式。

pinMode就是一个函数的调用，只是这个函数已经在Arduino软件内部编写好了，所以我们也只需直接调用就可以了。在函数的括号内包含两个参数，就是需设定的串口号及串口的模式。串口号是ledPin，在我们程序的第一句就声明过了，ledPin代表13，之后用到ledPin的地方，都可以理解为13的代名词。这条语句你能试着理解了吗？这条语句想告诉Arduino，数字口13被设置为输出模式。

如果让你设置数字口2为输入模式，你会吗？答案是：pinMode(2，INPUT);

INPUT与OUTPUT的区别

INPUT是输入信号，外部根据环境变化给控制器不同信号。我们之后会用到的按键，就是典型的 INPUT模式，我们按下按键后，控制器才能接收到外部给它的指令。

OUTPUT是输出信号，你需要让控制器反映出某些特征，向外界发出信号，典型的就是LED，它闪烁的过程就是向外部发出信号的过程。我们后面会用到的蜂鸣器——一个会发出声音的玩意儿，发声的过程就是向外界发出信号的过程，所以它也是OUTPUT。

我们接着往下看，程序现在进行到主函数loop()：

```
void loop() {
  digitalWrite(ledPin,HIGH);
  delay(1000);
  digitalWrite(ledPin,LOW);
  delay(1000);
}
```

Arduino程序必须包含setup()和loop()两个函数，否则不能正常工作。

在 setup() 函数中，初始化和定义了变量后，就开始执行 loop() 函数。顾名思义，该函数在程序运行过程中不断循环，loop()函数中的每条语句都逐次进行，直到函数的最后，然后再从loop函数的第一条语句再次开始，三次、四次……一直这样循环下去，直到关闭Arduino或者按下重启按键。

在这个项目中，我们希望LED灯亮，保持1s，然后关闭，保持1s，然后一直重复上面的动作。那么在Arduino的语句中，该怎么实现呢？

先看loop()函数内的第一条语句，这里我们涉及了另外一个函数，就是digitalWrite()。

```
digitalWrite(ledPin,HIGH);
```

函数格式如下：

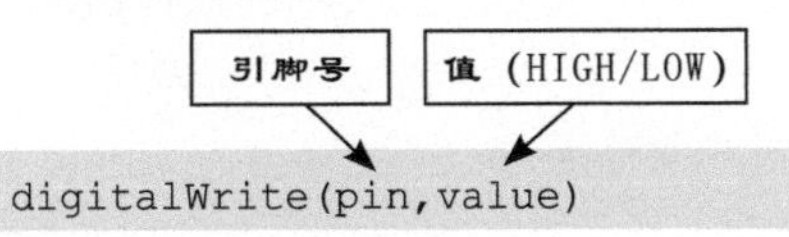


```
digitalWrite(pin,value)
```

这个函数的意义是：引脚pin在pinMode()的中被设置为OUTPUT模式时，其电压将被设置为相应的值，HIGH为5V（在3.3V控制板上为3.3V），LOW为0V。我们这里就是给引脚13（ledPin）一个5V的高电平，点亮引脚13上连接的LED。

这里要强调，pinMode()被设置为OUTPUT时，才能用到digitalWrite()。这是为什么呢？请看下面这段。

pinMode()与digitalWrite()、digitalRead()的关系

前面说了pinMode()中的INPUT与OUTPUT的设置是有讲究的，是由元器件本身的功能决定的。然而，前面设置INPUT和OUTPUT与之后程序需要如何执行也有着紧密关系。既然pin的模式是OUTPUT，那势必是控制器Arduino要给外界信号，所以需要Arduino给串口先写入信号——digitalWrite()。我们这里还没用到digitalRead()，就先说了吧！如果pin的模式是INPUT，是外界给控制器Arduino信号，所以需要Arduino读取串口信号——digitalRead()。

对于初学者来说，可以先学着用，再慢慢弄明白里面的原理。pinMode()设置为OUTPUT,对应使用digitalWrite()；设置为INPUT，对应使用digitalRead()。下表是一张对应表。

LED、蜂鸣器	按键控制
pinMode(pin,OUTPUT)	pinMode(pin,INPUT)
digitalWrite(pin,HIGH/LOW)	digitalRead(pin)

接着的一条语句：

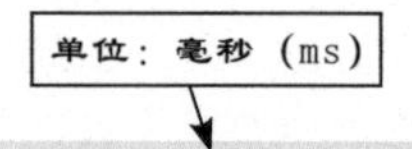


```
delay(1000);
```

delay()函数用于延时等待。等待1000ms（也就是1s）。我们举一反三，如果我们需要延时2s呢？答案是：delay(2000)。

接着看下一句是：

```
digitalWrite(ledPin,LOW);
```

有了上面的引导，这句话是不是很容易理解了呢？这句话的意思为：给引脚13一个0V的低电平，也就是熄灭LED。

然后再延时1s。之后回到loop()函数的开始部分，循环运行。

现在我们知道程序是如何运作的了，让我们来进行一个小小的改动吧！让LED保持关闭5s，然后快速闪烁一下（250ms），就像汽车报警器上的LED指示灯那样。请试着写一下程序。

答案：

```
void loop() {
  digitalWrite(ledPin,HIGH);
  delay(250);
  digitalWrite(ledPin,LOW);
  delay(5000);
}
```

通过改变LED开和关的时间，可以产生不同的效果：开关时间短，则感觉动感；开关时间长，则感觉柔和。外面的灯光效果都是基于这样的原理。让我们再来看一下硬件，看看硬件又是如何工作的。

原型扩展板

Arduino UNO上面的端口资源非常珍贵。尤其是5V和GND的电源接口在板子上只有两三个。在使用多个元器件，需要用到多个GND或者5V接口时，就没有足够的端口资源了。因此必须要用一个端口扩展板来充分扩展Arduino的资源。

与Arduino UNO配合使用的原型扩展板，用来搭建电路原型，可以直接在板子上焊接元器件，也可以通过迷你面包板连接电路。面包板与电路板之间通过双面胶连接。如图1.2所示，这块板子的数字口和模拟口与Arduino UNO的数字口和模拟口是一一对应的。其次，图中标出的5V引脚都是相通的，GND引脚也一样，都是相通的。

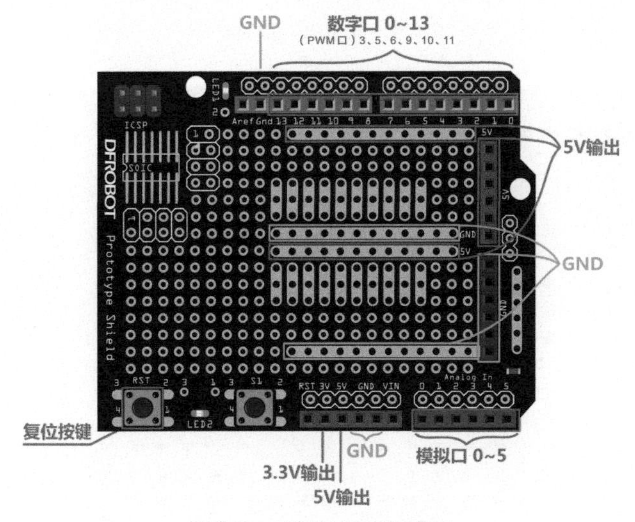

图1.2　原型扩展板示意图

面包板

面包板是一种可重复使用的非焊接器材，用于制作电子线路原型。简单地说，面包板是一种电子实验器材，表面是打孔的塑料，底部有金属条，插上即可导通，无需焊接。面包板该怎么使用？其实很简单，就是把电子元器件和跳线插到板子上的洞洞里，具体该怎么插，我们就要从面包板的内部结构上说起了。

如图1.3所示，面包板分为上下两个部分，蓝线指出的纵向每5个孔是相通的。为什么上下两个部分不全通呢？其实面包板中间这个凹槽设计是有讲究的。凹槽两面孔间距刚好是7.62mm，这个间距正好可以插入标准窄体的DIP引脚的IC。

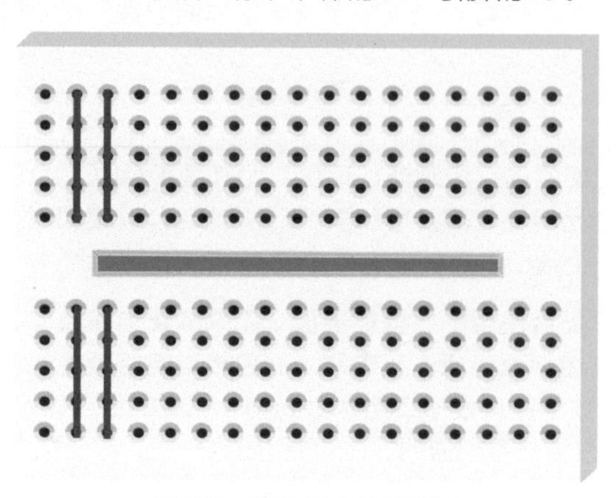

图 1.3 面包板内部导通图

插上IC后，因为引脚多，一般很难取下，硬来很容易弄弯引脚，这个槽刚好可以便于用镊子之类的东西将IC慢慢取下（见图1.4）。

图 1.4 插入 DIP 芯片的面包板

电阻

下一个要说的元器件是电阻。电阻的单位是欧姆（Ω）。电阻会对电流产生一定的阻力，引起它两端电压的下降。可以将电阻想象成一个水管，它比连接它的管子细一点，当水（电流）流入后，因管子变细，水流（电流）虽然从另一端出来，但水量减小了。电阻也是一样的道理，所以电阻可以用来给其他元器件减流或减压。

电阻有很多用处，对应名称也不同，如上拉电阻、下拉电阻、限流电阻等，我们这里用作限流电阻。在这个例子里，数字口10 输出电压为5V，输出电流为40mA。普通的LED需要2V的电压和35mA左右的电流。因此如果想以LED的最大亮度点亮它，需要用一个电阻将电压从5V降到2V，将电流从40mA减到35mA。

如果不连电阻会怎样呢？流过LED的电流过大会使LED烧掉(可以理解为水流过大，将水管撑破了)，就会看到一缕青烟并伴随着糊味儿。

这里具体对阻值的计算就不做说明了，只要知道在接LED时需要用到一个100Ω的电阻就可以了。大一点也没关系，但不能小于100Ω。如果电阻值选得过大，LED不会有什么影响，就是会显得比较暗。这很容易理解，电阻越大，减流或减压效果越明显了，LED随电流减小而变暗。

通过色环读电阻值

元器件的包装袋上已经标明了各个元器件的名称，但不排除有时候不小心标签掉了，可是手头又没有可以测量的工具，那该怎么办呢？有个方法就是通过电阻上的色环来读取电阻值。这里就不做详细说明了，感兴趣的读者可以查阅相关资料。

LED

最后要说的就是LED,它的中文名称是发光二极管，是二极管中的一种。二极管是一种只允许电流从一个方向流进的电子元器件。它就像水流系统中的单向阀门。如果电流试图改变流动方向，那么二极管就将阻止它这么干。所以，二极管在电路中的作用通常是防止电源意外与地连接。

LED也是一种会发光的二极管，它能发出不同颜色和亮度的光线，包括光谱中的紫外线和红外线（比如我们经常使用的各类遥控器上的LED是发出红外线的，它们与普通的发光二极管长得一样，只是发出的光人眼看不到，也被称为红外发射管）。

如果仔细观察LED,你会注意到它的引脚长度不同，长引脚为正极，短引脚为负极。那如果正负接反会怎么样呢？图1.5所示就说明问题了，接反就不亮了。图中是不是还缺个电阻，细心的你发现了吗？

在我们的套件中，还有一种LED，有4个引脚，不要以为它是错的。这个LED功能可大着呢，它能呈现不同颜色，也被称为RGB LED。我们都知道红色、绿色、蓝色是三原色，通过这3种颜色的明暗变换的组合可以呈现出任何你想要的颜色，把3种颜色放在同一个外壳里就能达到这样的效果。在我们之后的项目中会介绍如何使用RGB LED。

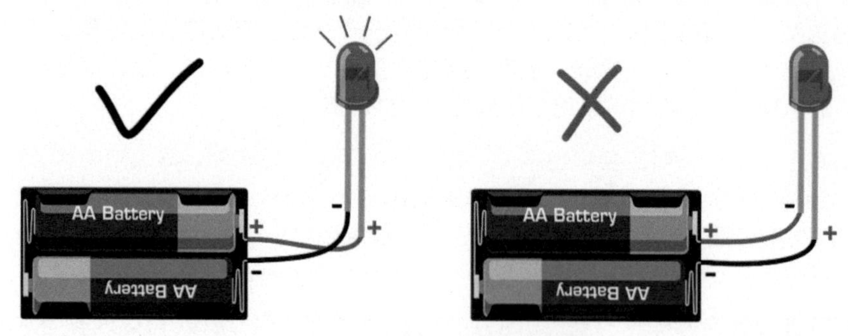

图 1.5　LED 正负极连接示意图

现在你知道了各元器件的功能及整个项目中软硬件是如何工作的，让我们尝试做其他好玩儿的东西吧！

第 2 章　SOS 求救信号器

本章将继续使用第 1 章搭建的电路，只需要改变一下程序，就能让LED显示SOS莫尔斯电码国际求救信号了。莫尔斯电码是一种字符编码，由点（·）和划（-）经过不同的组合来代表不同的含义。这样的好处是，使用简单的两种状态，就能传递所有字母和数字，非常简便！不得不佩服前人的聪明吧？

我们正好可以通过LED开关两种状态来拼出一个个字母，通过短闪烁和长闪烁来表示点和划。在这个项目中，我们就拼写SOS这3个字母。

通过查阅莫尔斯电码表，我们可以知道，字母“S”用3个点表示，我们这里用3个短闪烁替代；字母“O”则用3个划表示，用3个长闪烁替代。

有了前一个项目的基础，不难理解下面的样例程序2.1。但先不要急着输入这段程序，只是看一下。

样例程序2.1

（注意：我们这里使用的是数字口10，而不是13。）

```
int ledPin = 10;
void setup() {
  pinMode(ledPin,OUTPUT);
}
void loop() {
  //用3个短闪烁表示字母"S"
  digitalWrite(ledPin,HIGH);
  delay(150);
  digitalWrite(ledPin,LOW);
  delay(100);

  digitalWrite(ledPin,HIGH);
  delay(150);
  digitalWrite(ledPin,LOW);
```

```
  delay(100);

  digitalWrite(ledPin,HIGH);
  delay(150);
  digitalWrite(ledPin,LOW);
  delay(100);

  delay(100);       //100ms延时产生字母之间的间隙
  //用3个长闪烁表示字母"O"
  digitalWrite(ledPin,HIGH);
  delay(400);
  digitalWrite(ledPin,LOW);
  delay(100);

  digitalWrite(ledPin,HIGH);
  delay(400);
  digitalWrite(ledPin,LOW);
  delay(100);

  digitalWrite(ledPin,HIGH);
  delay(400);
  digitalWrite(ledPin,LOW);
  delay(100);

  delay(100);          //100ms延时产生字母之间的间隙

  //再用3个短闪烁来表示字母"S"
  digitalWrite(ledPin,HIGH);
  delay(150);
  digitalWrite(ledPin,LOW);
  delay(100);

  digitalWrite(ledPin,HIGH);
  delay(150);
  digitalWrite(ledPin,LOW);
  delay(100);

  digitalWrite(ledPin,HIGH);
  delay(150);
  digitalWrite(ledPin,LOW);
  delay(100);

  delay(5000);          //在重复SOS信号前等待5s
}
```

输入程序

上面的写法固然正确，但是不是有点烦琐呢？如果有个100个字母，难不成还重复100遍吗？有没有更好的写法呢？想必发明编程的人也考虑到这个问题了，所以就有了另一种写法。我们来看一下样例程序2.2。

样例程序2.2

```
//项目2 SOS信号
int ledPin = 10;
void setup() {
  pinMode(ledPin,OUTPUT);
}
void loop() {
  //用3个短闪烁表示字母"S"
  for(int x=0;x<3;x++){
  digitalWrite(ledPin,HIGH);                    //设置LED 为开
  delay(150);                                   //延时150ms
  digitalWrite(ledPin,LOW);                     //设置LED 为关
  delay(100);                                   //延时100ms
  }

  //100ms延时产生字母之间的间隙
  delay(100);

  //用3个长闪烁表示字母"O"
  for(int x=0;x<3;x++){
    digitalWrite(ledPin,HIGH);                  //设置LED 为开
    delay(400);                                 //延时400ms
    digitalWrite(ledPin,LOW);                   //设置LED 为关
    delay(100);                                 //延时100ms
  }

  //100ms延时产生字母之间的间隙
  delay(100);


  //再用3个短闪烁表示字母"S"
  for(int x=0;x<3;x++){
    digitalWrite(ledPin,HIGH);                   //设置LED 为开
    delay(150);                                  //延时150ms
    digitalWrite(ledPin,LOW);                    //设置LED 为关
```

```
    delay(100);                              //延时100ms
  }

  //在重复SOS信号前等待5s
  delay(5000);
}
```

在输入程序的时候，注意保持程序的层次，除了美观外，也便于你日后检查程序。确认正确后，下载程序到Arduino中，如果一切顺利，我们将看到LED闪烁出莫尔斯电码SOS信号，等待5s，重复闪烁。给Arduino外接电池，整个装到防水的盒子里，就可以用来发SOS信号了。SOS信号通常用于航海或者登山。我们接着来分析一下程序。

程序回顾

程序的第一部分与上个项目是完全一样的。也是初始化一个变量，设置数字口10的模式为输出模式。在主函数loop()中，你可以看到与上一个项目中类似的语句用来控制LED的开和关，并保持一段时间。然而，这次不同的是，主函数包含了3个独立的程序段。

第一段程序是输出3个点。

```
for(int x=0;x<3;x++){
  digitalWrite(ledPin,HIGH);                //设置LED 为开
  delay(150);                               //延时150ms
  digitalWrite(ledPin,LOW);                 //设置LED 为关
  delay(100);                               //延时100ms
}
```

LED开关的语句是包含在一对花括号内的，因此为一组程序段。需要说明的是，花括号必须成对出现，如编译器编译时有遗留将不通过。有个小技巧大家可以学一下，在开始写花括号的时候，就先把“{”“}”都写上，之后再在两个括号之间输入程序，这样就不会出现写到最后括号对应不上的情况。

当程序运行后我们可以看到，灯闪了3次而不是只闪了1次。产生这样效果的是因为使用了for循环。for语句通常在程序中用作循环。

for语句格式如下：

```
     ①              ②  条件为真  ④
for (循环初始化; 循环条件; 循环调整语句){
③循环体语句;
}
```

for循环顺序如下：

第一轮：1→2→3→4

第二轮：2→3→4

……

直到2不成立，for循环结束。

来看一下我们程序中的for循环。

```
for(int x=0;x<3;x++){
       ……
}
```

第一步：初始化变量x=0。

第二步：判断x是否小于3。

第三步：判断第二步成立，for循环中执行LED开与关。

第四步：x自加，变为1。

（x++表示把x的值增加1，等同于写成x=x+1，也就是把x当前的值变为x+1，再赋给x一遍。0变为1，第二轮循环则1变2。）

第五步：回到第二步，此时x=1，判断是否小于3。

第六步：重复第三步。

……

直到x=3时，判断x<3不成立，自动跳出for循环，程序继续往下走。

这里需要它循环3次，所以设置为x<3。从0开始计算，0到2，循环了3次。那如果要循环100次的话呢？答案是：for(int x=0;x<100;x++){}。

我们在写一些判断语句的时候经常会用到一些比较运算符，比如大于、小于、等于。下面就说下常用的比较运算符。

比较运算符

比较运算符在程序中是用作判断，比较两个值大小。我们常用的比较运算符有：

- ==（等于）
- !=（不等于）
- <（小于）
- >（大于）
- <=（小于等于）

➢ >=（大于等于）

特别要说明一下，等于必须用两个等号。还有像小于等于和大于等于，<和=之间不能留有空格，否则编译不通过。

当然，除了比较运算符外，程序也可以用的+、-、*、/（加、减、乘、除）这些常用的算术运算符。

现在知道for循环是如何运作了吧？我们程序中有3个for循环：第一个for循环3次，短闪烁3次，代表输出3个点，也就是字母“S”。第二个for循环同样循环3次，长闪烁3次，程序输出3个划，也就是字母“O”。第三个for循环又输出一个“S”。

必须要注意的是，这里要引入一个新的概念，是局部变量和全局变量。局部变量只在自己的程序内起作用。就像这里for循环中的变量x，它就是个局部变量，所以虽然每个for循环中都有一个变量x，但它们不冲突，它们只在自己的循环中执行。还有一种变量叫全局变量，不同之处是，它能在整个程序中起作用，但条件是，必须在setup()、loop()函数外声明。就像这里的ledPin，能在整个程序中起作用。

在每个for循环之间有个小延时100ms，使SOS字母之间有个清晰的停顿说明。最后，在回到主函数loop重新执行一遍之前，有个相对较长的延时，为5s。

好了，我们的SOS信号源项目就算告一段落了。你有所收获吗？

课后作业

我们学习了两个项目，有了基础，现在做个课后习题吧。做个交通信号灯，图2.1所示是一个运行过程，虚线框中的是程序循环的部分。

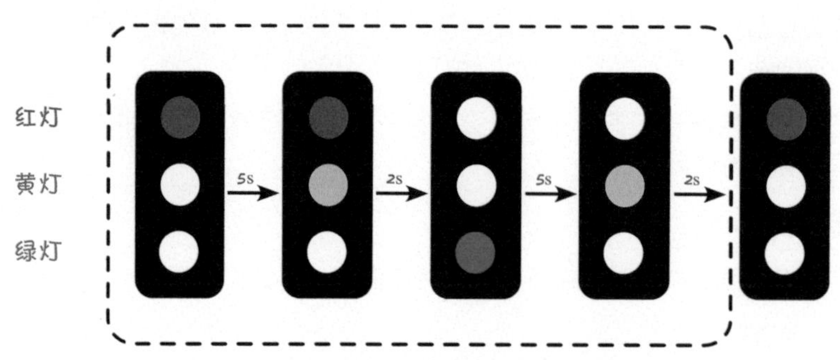

图 2.1 交通信号灯运行过程示意图

提示：上面我们只点亮1个LED，现在需要点亮3个。电路连接原理是和点亮1个LED相同，程序中需要改变的用3个数字口来分别控制3个LED。自己动手试一下吧！

第 3 章　互动交通信号灯

你有没有试着做前面那个课后作业呢？做出来的话，说明你已经基本掌握前面所学的知识了，如果没做出来也没关系，看完这个章节，前面的作业自然就会了。本章基于第2章交通信号灯项目来进行一个拓展，增加行人按键请求通过马路的功能。当按键被按下时，Arduino会自动反应，改变交通灯的状态，让车停下，允许行人通过。

这个项目中，我们开始学习如何创建自己的函数，用Arduino实现互动。这次的程序相对长一点，耐下心来，等看完这一章，相信你能收获不少！

我们之后在所需元器件中将不再重复罗列以下3样：Arduino UNO、扩展板+面包板、跳线。但是，每次都还是需要用到这些的。

所需元器件

- 2×5mm LED 
- 2×5mm LED 
- 1×5mm LED 
- 6×220Ω电阻* 
- 1× 按键 

*这里有5个LED，为什么会用到了6个电阻呢？我们知道其中5个电阻是LED的限流电阻，还有一个电阻是给按键的，它叫作下拉电阻（我们后面会解释）。

硬件连接

按照图3.1所示的示意图连接你的电路，特别要注意的是，这次连线比较多，不要插错。图中，面包板上标出淡绿色的不是跳线，只是为了说明纵向的孔导通，避免插错。给Arduino上电前认真检查接线是否正确。在连线时，要保持电源是断开的状态，也就是没有插USB线。

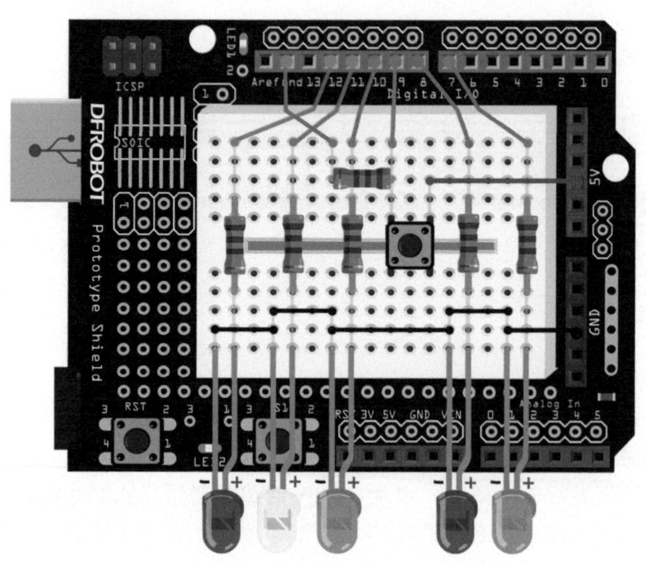

图 3.1　互动交通信号灯连接示意图

输入程序

输入下面的样例程序3.1，这段程序引自《Beginning Arduino》一书。

样例程序3.1

```
//项目3　互动交通信号灯
int carRed = 12; //设置汽车灯
int carYellow = 11;
int carGreen = 10;
int button = 9; //按键引脚
int pedRed = 8; //设置行人灯
int pedGreen = 7;
int crossTime = 5000;//允许行人通过的时间
unsigned long changeTime;//按键按下后的时间

void setup() {
   //所有LED设置为输出模式
   pinMode(carRed,OUTPUT);
   pinMode(carYellow,OUTPUT);
   pinMode(carGreen,OUTPUT);
   pinMode(pedRed,OUTPUT);
   pinMode(pedGreen,OUTPUT);
   pinMode(button,INPUT); //按键设置为输入模式
```

```
  digitalWrite(carGreen,HIGH); //开始时，汽车灯为绿灯
  digitalWrite(pedRed,LOW);   //行人灯为红灯
}

void loop() {
  int state = digitalRead(button);
  //检测按键是否被按下，并且是否距上次按下后有5s的等待时间
  if(state == HIGH && (millis() - changeTime)> 5000){
  //调用变灯函数
  changeLights();
}
}

void changeLights() {
  digitalWrite(carGreen,LOW); //汽车灯绿灯灭
  digitalWrite(carYellow,HIGH); //汽车灯黄灯亮
  delay(2000); //等待2s

  digitalWrite(carYellow,LOW); //汽车灯黄灯灭
  digitalWrite(carRed,HIGH); //汽车灯红灯亮
  delay(1000); //为安全考虑等待1s

  digitalWrite(pedRed,LOW); //行人灯红灯灭
  digitalWrite(pedGreen,HIGH); //行人灯绿灯亮

  delay(crossTime); //等待一个通过时间

  //行人灯绿灯闪烁，提示可过马路时间快到
  for (int x=0;x<10;x++) {
    digitalWrite(pedGreen,HIGH);
    delay(250);
    digitalWrite(pedGreen,LOW);
    delay(250);
  }
  digitalWrite(pedRed,HIGH);//行人灯红灯亮
  delay(500);

  digitalWrite(carRed,LOW); //汽车灯红灯灭
  digitalWrite(carYellow,HIGH); //汽车灯黄灯亮
  delay(1000);
  digitalWrite(carYellow,LOW); //汽车灯黄灯灭
  digitalWrite(carGreen,HIGH); //汽车灯绿灯亮
```

```
    changeTime = millis(); //记录自上一次灯变化的时间
    //返回到主函数循环中
}
```

下载完成后，可以尝试按下按键。看看是什么样的效果？我们可以看到整个变化过程是这样的——开始时，汽车灯为绿灯，行人灯为红灯，代表车行人停。一旦行人，也就是你，按下按键，请求过马路，那么汽车灯由绿变黄，再变红，行人灯就开始由红变绿。在行人通行的过程中，设置了一个过马路的时间crossTime，一旦到时间，行人灯绿灯开始闪烁，提醒行人快速过马路。闪烁完毕，最终，又回到了开始的状态，汽车灯为绿灯，行人灯为红灯。

整段程序看起来很复杂，其实厘清思路并不难。如果你还是没有办法厘清里面的变化关系，可以试着画一个示意图，像第2章的课后作业那样，这样可能会方便你理解程序。

程序回顾

通过前面两个项目，你应该能够理解这个程序的大部分内容。程序开始是一串变量声明，在声明中，出现了一个新名词。这里解释一下这个新名词：

```
unsigned long changeTime;
```

这是一个新的变量类型。我们之前只创建过int整型变量，它可以存放一个-32768到32767之间的整数。这次要创建的是一个long的变量类型，它可以存放一个-2147483648到2147483647之间的整数。而unsigned long数据类型，则不可存储负数，所以存储的范围就从0到4294967295。

如果我们使用一个int型变量，信号灯状态变化的时间只能存储最大32s（32768ms约为32s），一旦出现变量溢出，就会造成程序运行错误，所以，为了避免这样的情况，要选用能存储更大数的一个变量，并且不为负，因此考虑使用unsigned long型。你可以用笔算一下，这个变量最大能存储的数，时间可达49天。

变量这个盒子无限大吗？

那么，有人会问为什么有些变量类型可以存储很大的数，而有些变量类型不行呢？这是由变量类型所占的存储空间决定的。就拿我们前面讲变量的时候举的例子来说，变量好比用来放东西的盒子，把不同类型的变量想象成不同大小的盒子，int的盒子比unsigned long的盒子小，所以放得东西少。这样解释是不是比较容易理解了呢？

那么为什么要设置不同大小的盒子呢？何不都设置得大一点？理论上没有什么不可以的，可是我们不能忽略一个问题，那就是微控制器的内部存储容量是有限的。计算机有内存，我们的微控制器同样有内存。像Arduino UNO板上用的主芯片ATmega328的内存容量是32KB。所以，我们要尽量少用存储空间，能不用则不用。

表 3.1 程序中可能用到的变量数据类型

数据类型	RAM	范围
boolean (布尔型)	1字节	0或1(True 或False)
char(字符型)	1字节	-128 ~ 127
unsigned char(无符号字符型)	1字节	0~255
int(整型)	2字节	-32768 ~ 32767
unsigned int(无符号整型)	2字节	0 ~ 65535
long(长整型)	4字节	-2147483648 ~ 2147483647
unsigned long(无符号长整型)	4字节	0 ~ 4294967295
float(单精度浮点型)	4字节	-3.4028235E38 ~ 3.4028235E38
double(双精度浮点型)	8字节	-3.4028235E38 ~ 3.4028235E38

从表3.1可以看到，变量的类型有很多，不同的数对应不同的变量，int和long是针对整数的变量，char是针对字符的变量，而float、double是针对含有小数点的数的变量。

随即进入setup()函数，对LED和按键进行一些设置，在设置时，需要注意的是:

```
pinMode(button,INPUT);
```

pinMode()函数我们已经很熟悉了，在第1章的时候就介绍过，只是和LED有所不同的是，按键要设置为INPUT。

在setup()函数中，先给定行人灯和汽车灯的初始状态:

```
digitalWrite(carGreen,HIGH); //开始时，汽车灯绿灯
digitalWrite(pedRed,LOW);    //行人灯为红灯
```

进入到主程序中的第一句，就是来检测button(引脚9)的状态的:

```
int state = digitalRead(button);
```

此时，一个新函数出现了——digitalRead()。

函数格式如下:

引脚号

```
digitalRead(pin)
```

这个函数用来读取数字串口状态，HIGH还是LOW(其实还有一种表达方式就是HIGH是“1”，LOW是“0”，只是HIGH/LOW更直观)。函数需要一个传递参数——pin，这里需要读取按键信号，按键所在引脚是数字口9，由于前面做了变量声明，所以这里用button表示。

把读到的信号传递给变量state，用于后面进行判断。state为 HIGH或者为1，说明按键被按下了；state为LOW或0，表明按键没被按下。

所以，可以直接检查state的值来判断按键是否被按下：

```
if(state == HIGH && (millis() - changeTime)> 5000) {
  //调用变灯函数
  changeLights();
}
```

这里涉及新的语句——if语句。if语句是一种条件判断的语句，判断否满足括号内的条件，如满足则执行花括号内的语句；如不满足则跳出if语句。

if语句格式如下：

```
if(表达式){
    语句;
}
```

表达式是指我们的判断条件，通常为一些关系式或逻辑式，也可直接表示某一数值。如果if表达式条件为真，则执行if中的语句；表达式条件为假，则跳出if语句。

我们的程序中，第一个条件是state变量为HIGH。如果按键被按下，state就会变为HIGH。第二个条件是millis()函数的值减changeTime的值大于5000。这两个条件之间有个“&&”符号。这是一种逻辑运算符，表达的含义是两者同时满足。

```
(millis() - changeTime)> 5000
```

millis()是一个函数，该函数是Arduino语言自有的函数，它的返回值是一个时间——Arduino开始执行到当前的时间，也称为机器时间，就像一个隐形时钟，从控制器开始运行的那一刻起开始以毫秒为单位计时。变量changeTime初始化时，不存储任何数值，只有在Arduino运行之后，将millis()函数值赋给它，它才开始有数值，并且随着millis()值的变化而变化。通过millis()函数不断记录时间，判断两次按键之间的时间是不是大于5s，如果在5s之内，不予反应。这样做的目的是，防止重复按键而导致运行错误。

逻辑运算符

前面说到的&&是一个逻辑运算符，常用的逻辑运算符有：

- &&——逻辑与（两者同时满足）
- ||——逻辑或（两者其中一个满足）

➤ ！——逻辑非（取反，相反的情况）

if语句内只有一个函数：

```
changeLights();
```

这是一个函数调用的例子。该函数单独写在了loop()函数之外，我们需要使用时，直接写出函数名就可以实现调用了。该函数是void型的，所以是无返回值、无传递参数的函数。当函数被调用时，程序也就自动跳到它的函数中运行。运行完后，再跳回主函数。需要特别注意的是：调用函数时，函数名后面的括号不能省，要和所写的函数保持一致。changeLights() 函数内部就不做说明了。

按键开关

按键一共有4个引脚，图3.2分别显示了按键的正面与背面。图3.3则说明了按键的工作原理。一旦按下，左右两侧就被导通了，而上下两端始终导通。

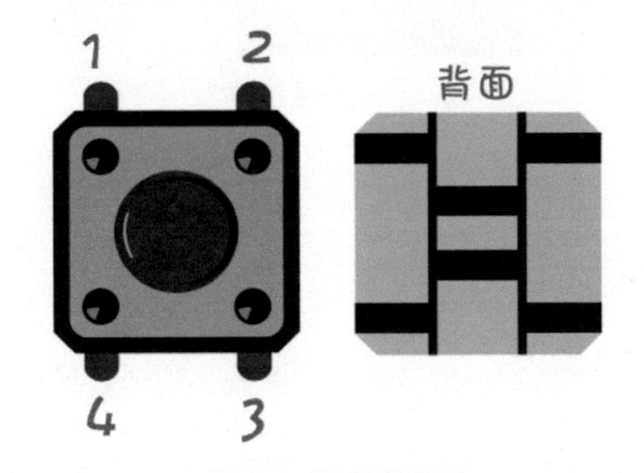

图 3.2　按键结构图

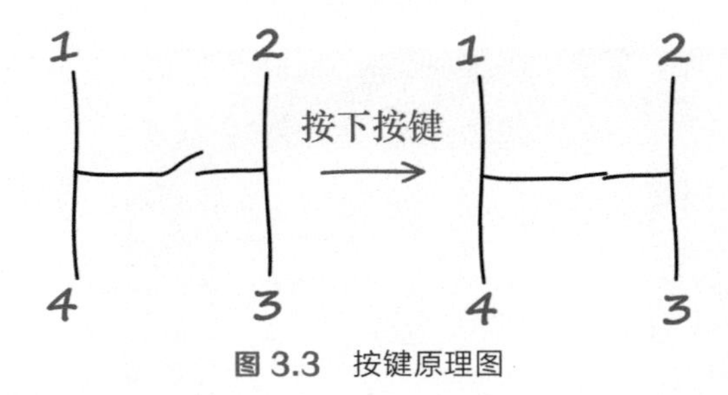

图 3.3　按键原理图

图3.4传达的意思是，按键就是起到一个控制通断的作用。在我们这个项目中，按键控制数字口是否接高电平（接5V）。按下的话，数字口9就能检测到为高电平；否则就是保持低电平的状态（接GND）。

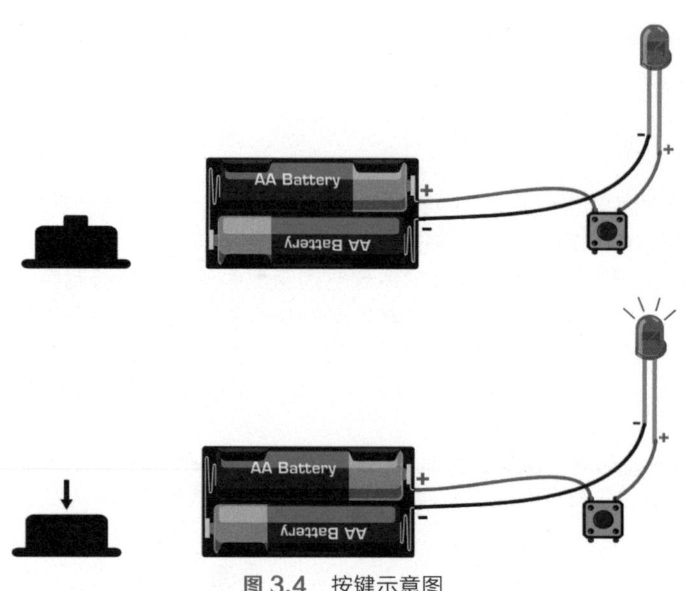

图 3.4　按键示意图

下拉电阻

下拉电阻这个名词可能比较抽象，就从字面含义着手，“下拉”我们可以理解为把电压往下拉，降低电压。

按键作为开关，当输入电路状态为HIGH的时候，电压要尽可能接近5V；输入电路状态为LOW的时候，电压要尽可能接近0。如果不能确保状态接近所需电压，这部分电路就会产生电压浮动。所以，我们在按键那里接了一个电阻来确保一定达到LOW，这个电阻就是所谓的下拉电阻。

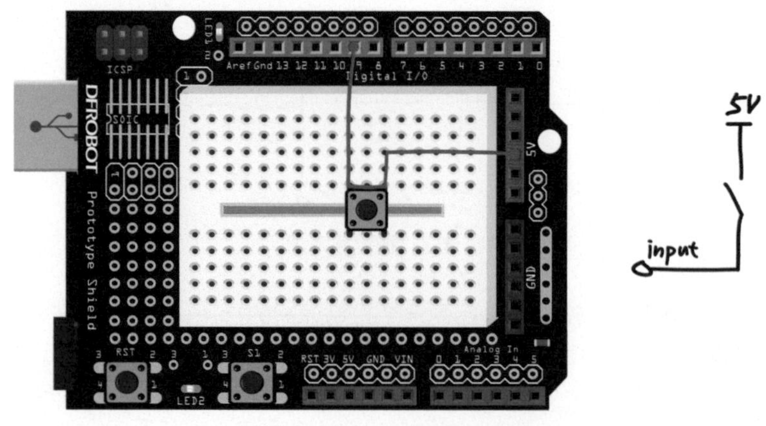

图 3.5　未接下拉电阻的电路

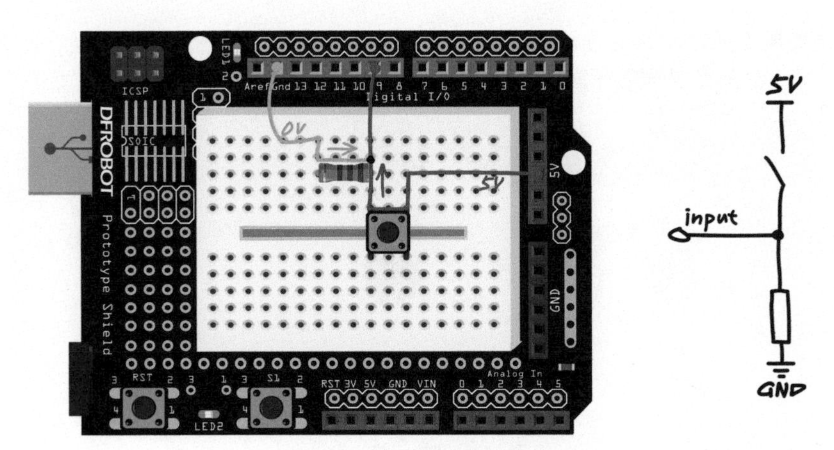

图 3.6　接下拉电阻的电路

可以从图3.5、图3.6看到，未接下拉电阻的电路，按键没被按下时，输入引脚就处于悬空状态。空气会使该引脚电压产生浮动，不能确保是0。然而接了下拉电阻的电路，当按键没被按下时，输入引脚通过电阻接地，确保电压为0，不会产生电压浮动现象。

课后作业

（1）选择任意颜色LED 6个，做一个流水灯，6盏灯从左至右依次点亮，然后再从右至左依次熄灭（见图3.7）。

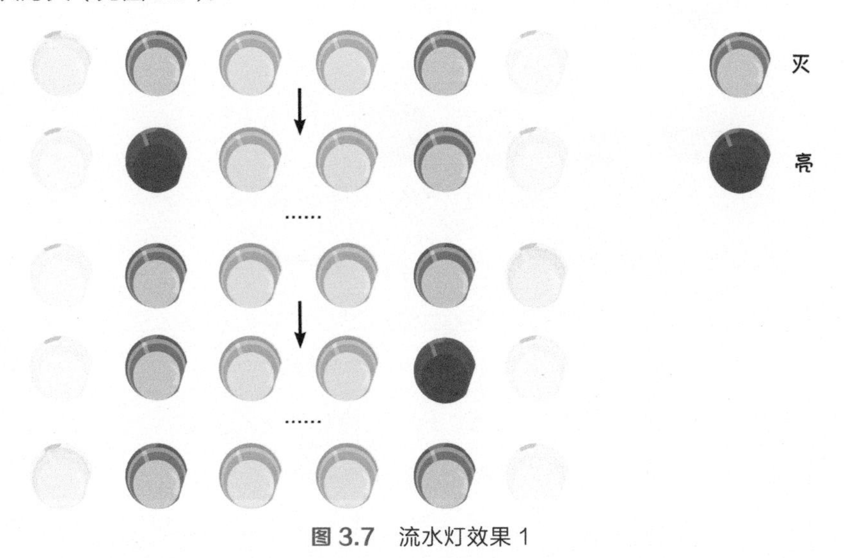

图 3.7　流水灯效果 1

（2）如果上面那个作业你已经完成了，可以尝试先从中间的灯开始亮起，依次向两边扩开。下图是个变换过程的示意图（见图3.8）。

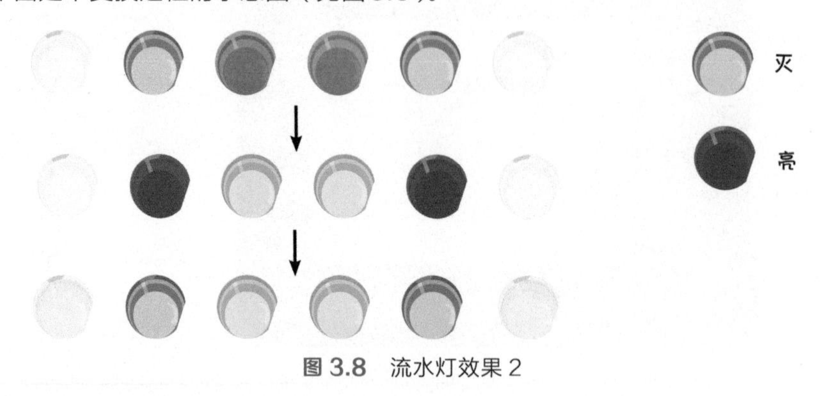

图 3.8 流水灯效果 2

（3）再比如，从左至右，依次亮起1个、2个、3个……（见图3.9）

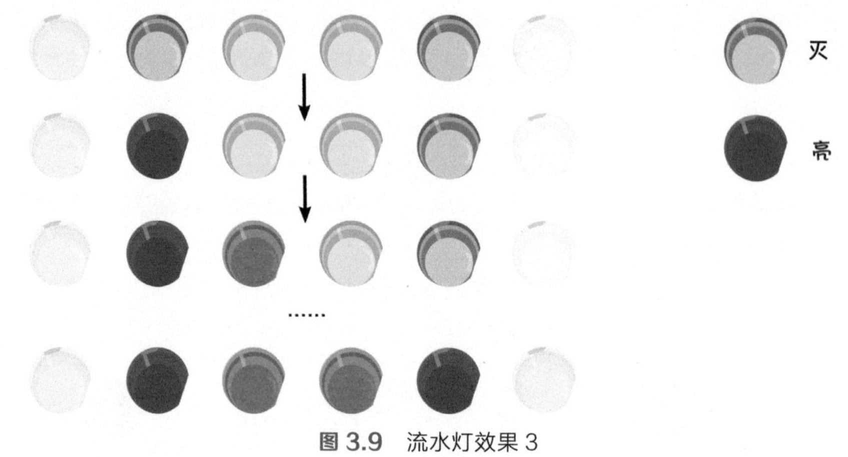

图 3.9 流水灯效果 3

（4）再结合按键，用按键和LED互动。（提供供参考教程）

①用一个按键，按一下控制灯亮，再按一下控制灯灭。

参考教程：在DF创客社区搜索“Arduino小白教程第二弹”。

②又或者用两个按键，一个控制灯亮，另一个控制灯灭。

参考教程：在Adafruit官网搜索“Arduino Lesson 6”。

第 4 章　呼吸灯

在前面几章中，我们学习了如何通过程序来控制LED亮灭。但Arduino还有个很强大的功能，就是通过程序来控制LED的明暗度。Arduino UNO的数字引脚中有6个引脚标有“~”，这个符号代表该引脚具有PWM功能。我们动手做一个呼吸灯的程序，体会PWM的神奇力量！所谓呼吸灯，就是让灯有一个由亮到暗、再由暗到亮逐渐变化的过程，模仿人均匀呼吸的节奏。

所需元器件

- 1×5mm LED 
- 1×220Ω电阻 

硬件连接

图4.1是呼吸灯连接示意图，本项目的硬件连接与项目2是完全相同的。

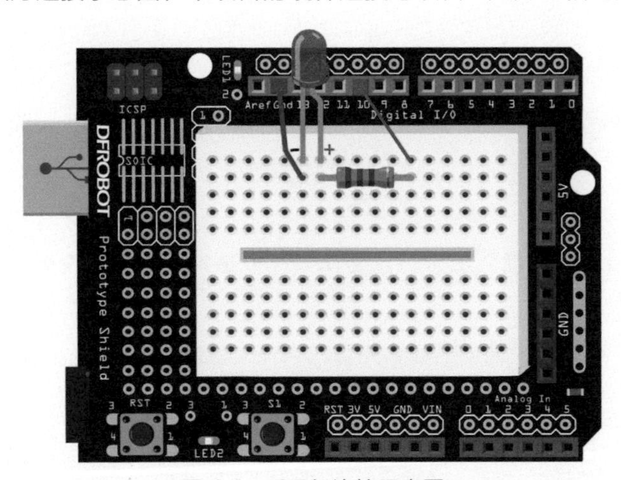

图 4.1　呼吸灯连接示意图

输入程序

样例程序4.1

```
//项目4  呼吸灯
int ledPin = 10;

void setup() {
  pinMode(ledPin,OUTPUT);
}

void loop(){
  fadeOn(1000,5);
  fadeOff(1000,5);
}

void fadeOn(unsigned int time,int increament){
 for (byte value = 0;value < 255;value+=increament){
   analogWrite(ledPin,value);
   delay(time/(255/5));
  }
}

void fadeOff(unsigned int time,int decreament){
 for (byte value = 255;value >0;value-=decreament){
   analogWrite(ledPin,value);
   delay(time/(255/5));
  }
}
```

程序下载完成后，我们可以看到LED有个逐渐由亮到灭的过程，而不是直接亮灭，如同呼吸一般，均匀变化。

程序回顾

大部分程序我们已经很熟悉了，比如初始化变量声明、引脚设置、for循环以及函数调用。

在主函数中，只有两个调用函数，先看其中一个就能明白了。

```
void fadeOn(unsigned int time,int increament){
  for (byte value = 0;value < 255;value+=increament){
    analogWrite(ledPin,value);
    delay(time/(255/5));
```

```
        }
}
```

fadeOn()函数有两个传递参数，从参数名称中就可以简单看出，int time指的是时间，int increament指的是增量。函数中包含了一个for循环，循环条件是value<255，变量的增量由 increament决定。

for语句中涉及一个新函数：

```
analogWrite(ledPin,value);
```

如何发送一个模拟值到一个数字引脚呢？就要用到该函数。使用这个函数是要具备特定条件的——该数字引脚需具有PWM功能。观察一下Arduino控制板，查看数字引脚，你会发现其中6个引脚（3、5、6、9、10、11）旁标有“~”，这些引脚不同于其他引脚，它们可以输出PWM信号。

函数格式如下：

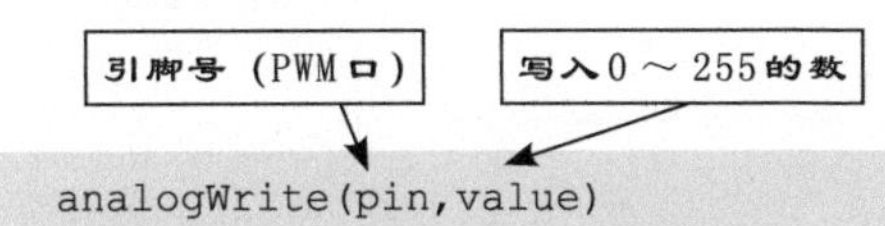


```
analogWrite(pin,value)
```

analogWrite()函数用于给PWM口写入一个0~255的模拟值。特别注意的是，analogWrite()函数只能写入具有PWM功能的数字引脚。

PWM是一项通过数字方法来获得模拟量的技术。数字控制形成一个方波，方波信号只有开关两种状态（也就是数字引脚的高低）。通过控制开与关所持续时间的比值就能模拟到一个0 ~ 5V变化的电压。开（学术上称为高电平）所占用的时间就叫作脉冲宽度，所以PWM的全称是脉冲宽度调制。

我们通过图4.2所示的5个方波来更形象地了解一下PWM。

图4.2中绿色竖线代表方波的一个周期。每个analogWrite(value)中写入的value都能对应一个百分比，这个百分比也称为占空比(Duty Cycle)，指的是一个周期内高电平持续时间比上低电平持续时间得到的百分比。图中，从上往下，第一个方波，占空比为0%，对应的value为0，LED亮度最低，也就是灭的状态。高电平持续时间越长，LED也就越亮。所以，最后一个占空比为100%的对应value是255，LED最亮。占空比为50%，亮度就是最亮时的一半了，占空比为25%则相对更暗。

PWM比较多的用于调节LED的亮度，或者电机的转动速度，电机带动的车轮速度也就能很容易控制了，在玩一些Arduino小车时，更能体现PWM的好处。

这一章介绍结束了！同样的硬件连接，通过软件的变化，可以呈现出完全不一样的效果，你是不是觉得Arduino很神奇？

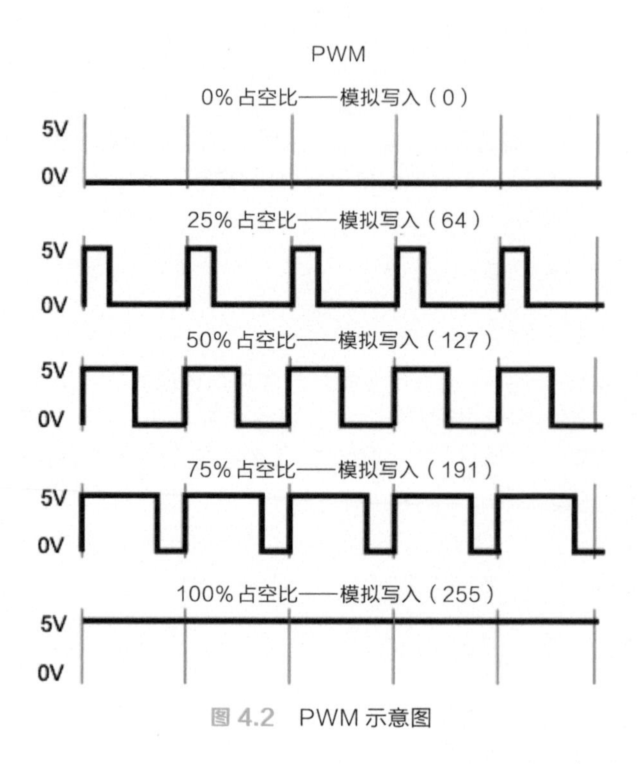

图 4.2　PWM 示意图

课后作业

（1）用LED做个火焰的效果，通过PWM使LED产生随机的亮度变化，来模拟火焰闪烁的效果。它可以放在家中作为小夜灯，用浅色罩子盖住效果更佳。

主要材料：一个红色LED、两个黄色LED以及220Ω电阻。在这个实验中，有个函数会比较好用——random()。random()可以产生一定范围内的随机数。

提示：可以先设定LED的亮度，在其值附近产生一个随机数，比如random(120)+135，让其值稳定在135附近，产生这种小幅变化，就更具有火焰跳跃感，不妨尝试一下。

具体用法可以查看编程参考手册，会详细介绍这个函数的用法。之后的讲解中，我们可能对有些函数不进行详细说明，你可以通过这种方法来学习某个新函数。

参考程序：在DFRobot Wiki网站搜索“Arduino编程参考手册（多页面版）”。

（2）再尝试一个稍微有点难度的：使用两个按键，一个按键控制LED逐次变亮，另一个按键控制LED逐次变暗。

参考程序：在极客工坊论坛搜索“按钮PWM控制LED亮度”。

第 5 章 炫彩 RGB LED

单色LED我们在第4章就讲过了，现在介绍一种新的LED——RGB LED。之所以叫RGB，是因为这个LED实际由红（Red）、绿（Green）和蓝（Blue）三个单色LED组成。通过调整3个LED各自的亮度就能产生不同的颜色。这个项目就是教你如何通过一个RGB小灯随机产生不同的炫彩颜色。我们可以先按图5.1连接硬件并输入程序看一下效果。

所需元器件

- 1×5mm RGB LED
- 3×220Ω电阻

硬件连接

连接之前，先判断RGB是共阴的还是共阳的，如果不是很清楚，可以先看这个项目的硬件部分介绍。连接时，还需注意引脚的顺序，可参照图5.1右边的引脚图。

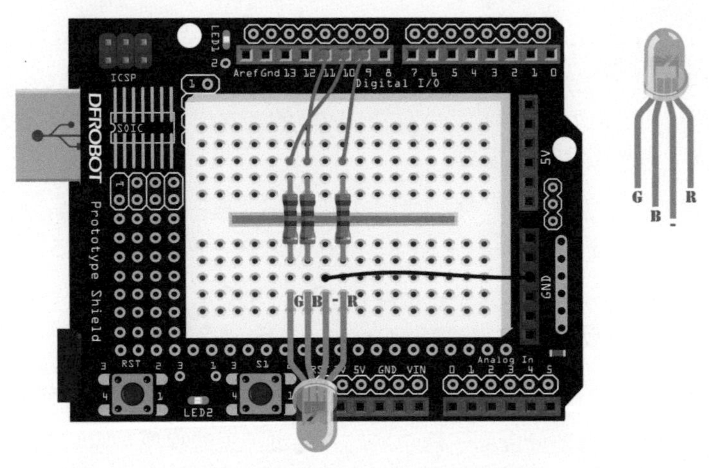

图 5.1　炫彩 RGB LED 连接示意图

输入程序

样例程序5.1

```
//项目5  炫彩RGB灯
int redPin = 9;
int greenPin = 10;
int bluePin = 11;

void setup(){
  pinMode(redPin,OUTPUT);
  pinMode(greenPin,OUTPUT);
  pinMode(bluePin,OUTPUT);
}

void loop(){
  //R:0-255 G:0-255 B:0-255
  colorRGB(random(0,255),random(0,255),random(0,255));
  delay(1000);
}

void colorRGB(int red,int green,int blue){
  analogWrite(redPin,constrain(red,0,255));
  analogWrite(greenPin,constrain(green,0,255));
  analogWrite(bluePin,constrain(blue,0,255));
}
```

下载程序后，我们可以看到LED颜色呈现随机的变化，而不是单一的一种颜色。

程序回顾

这样的效果其实是通过一个RGB LED实现的，我们前面讲它是单色LED的集合体，内部集成了3个LED，也就需要用3个支持PWM的数字口来控制。我们在程序开头部分定义了3个引脚，并设置为输出模式。

程序最主要的部分是主函数，主函数中调用了一个自己创建的函数colorRGB()，函数有3个传递参数，用于写入Red、Green、Blue的值，也就是0~255的值。

使用函数的好处在于，给这3个参数赋值之后，我们想调到某个颜色的时候，就可以直接调用了，不需要重复写analogWrite()函数，不会使程序变得冗长。

这段函数中，我们比较陌生的就是constrain()和random()这两个函数。

我们上一章课后作业部分提到了两个网站，通过那里的程序，你能否尝试自己来学习一下这两个函数？

函数格式如下：

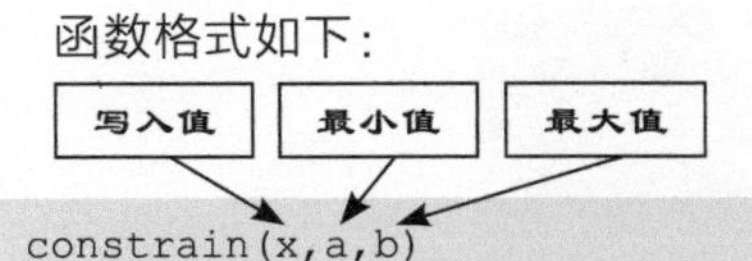


```
constrain(x,a,b)
```

constrain()函数需要3个参数：x、a和b。这里x是一个被约束的数，a是最小值，b是最大值。如果值小于a，则返回a；如果大于b，则返回b。

回到我们的程序，Red、Green、Blue值是被约束数，约束范围在0~255，也就是我们PWM值的范围。它们的值由random()函数随机产生。

函数格式如下：

```
random(min,max)
```

random()函数用于生成一个随机数，min是随机数的最小值，max是随机数的最大值。random()函数还有其他用法，可以参看手册。

RGB LED

RGB LED有4个引脚，R、G、B这3个引脚连接到LED的一端，还有一个引脚是共用的正极（阳）或者共用的负极（阴）。我们这里选用的是共阴RGB。图5.2展示了3个LED如何华丽蜕变为一个RGB的过程，R、G、B其实就是3个LED的正极，把它们的负极拉到一个公共引脚上，它们的公共引脚是负极，所以称为共阴RGB。

RGB LED如何使用呢？如何实现变色呢？

RGB LED只是简单地把3个颜色的LED封装在一个LED中。可以当3个单色的LED使用。我们都知道红色、绿色、蓝色是三原色（见图5.3），Arduino通过PWM口对3种颜色的明暗进行调节，也就是通过analogWrite(value)语句，让LED调出任何你想要的颜色。

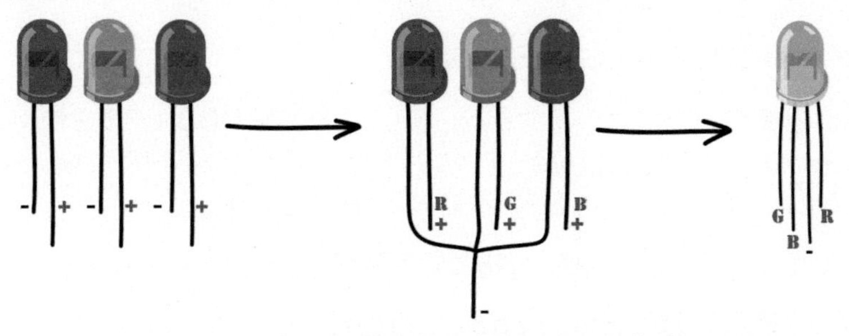

图 5.2　3 个 LED 蜕变为 1 个 RGB LED 的过程

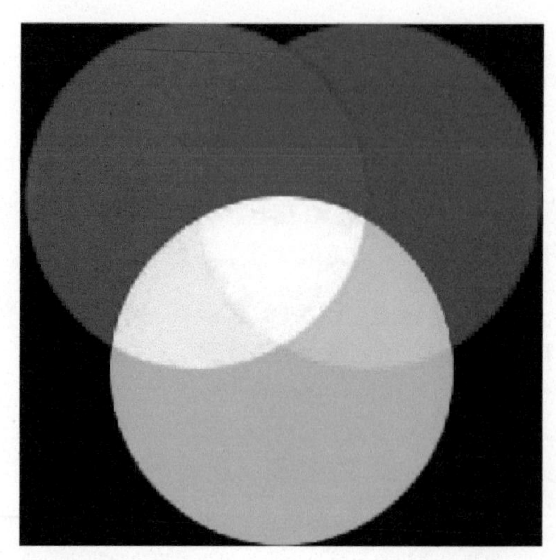

图 5.3　混合 R、G、B 获得不同的颜色

表5.1只是罗列了几种典型的颜色，可调的色彩远多于上表所示的，使用PWM可以产生0~255的全部颜色，共16777216种颜色（256×256×256）。不妨动手尝试一下，设置3个LED的PWM值来，随意切换颜色吧！

表 5.1　不同LED的PWM值组合所产生的颜色

红色	绿色	蓝色	颜色
255	0	0	红色
0	255	0	绿色
0	0	255	蓝色
255	255	0	黄色
0	255	255	蓝绿色
255	0	255	紫红色
255	255	255	白色

共阳RGB LED与共阴RGB LED的区别

上面我们还遗留一个问题——共阴RGB LED与共阳RGB LED在使用上有什么区别？共阳RGB LED就是把正极拉到一个公共引脚，其他3个端则是负极。从图5.4、图5.5中可以看出，外表上共阴、共阳RGB LED没有任何区别。

然而在使用上它们是有区别的，区别为以下两点。

（1）如果是共阳RGB LED，接线共用端需要接5V，而不是GND，否则LED不能被点亮。

图 5.4　共阴 RGB LED 示意图

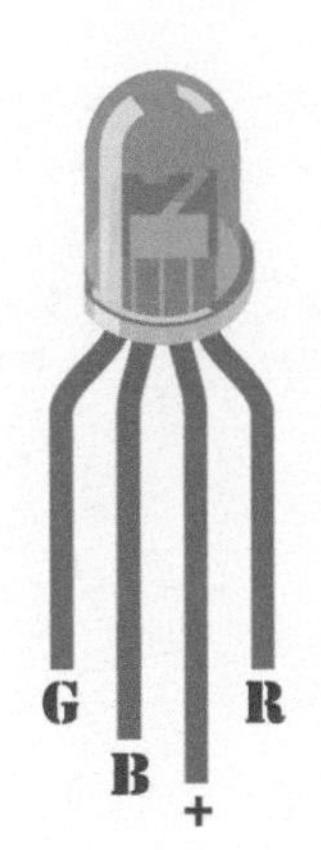

图 5.5　共阳 RGB LED 示意图

（2）在颜色的调配上，共阳RGB LED与共阴RGB LED是完全相反的。

举个例子：共阴RGB LED显示红色，RGB数值为R-255、G-0、B-0。然而共阳LED则完全相反，RGB数值是R-0、G-255、B-255。

课后作业

（1）基于上面的炫彩RGB LED项目，改变程序做一个沿着彩虹色变化的RGB灯，而不是随机产生颜色。这里比较困难的地方是颜色的调制，通过改变Red、Blue、Green的值，组合出你想要的颜色。

提示： 只要在原有程序基础上做修改就可以了，直接调用colorRGB()函数，将函数中3个参数写入所对应颜色的值即可。

（2）在作业（1）的基础上，结合我们上面说的呼吸灯，将彩虹色灯以呼吸灯渐变形式变化。这样的变换会显得更加柔和。

（3）Arduino是个开源的平台，从网上寻找一些别人已经写好了的库来调用就能达到我们想要的效果，不需要自己从头写程序，难度也降低了。

下面就提供一个DFRobot的RGB LED库文件。你可以尝试直接运行样例程序：

扫描目录页二维码，见项目程序包中“Lesson 5_RGBLED”文件夹。

如图5.6所示，先把库文件从网站上下载下来，将整个压缩包解压到Arduino IDE的libraries文件夹中。

需要注意的是，库文件夹下要直接显示*.cpp和*.h文件，绝对不可以把这些库文件再套到二级以上目录，那样会导致IDE无法识别（见图5.7）。

图 5.6　解压库文件

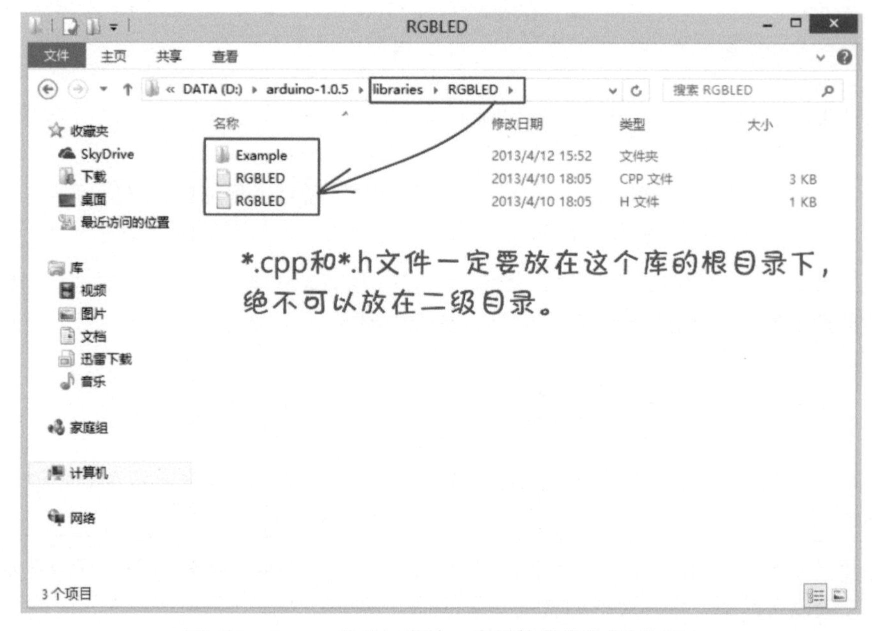

图 5.7　*.cpp 和 *.h 文件一定要放在库的根目录下

接下来直接用Arduino IDE运行Example里面的程序就可以了，注意不同程序对应的引脚不同，在程序中改为你连接的引脚就行了。

（4）将RGB LED和按键结合，用3个按键分别控制R、G、B的颜色，随意变幻出你想要的颜色。

可以参看教程：

在Adafruit官网搜索“Arduino Lesson 7”。

第 6 章 报警器

这里我们要接触一个新的电子元器件——蜂鸣器，从字面意思就知道，这是一个会发声的元器件。这次我们做一个报警器，将蜂鸣器连接到Arduino的数字输出引脚，并配合相应的程序就可以产生报警器的声音。其原理是利用正弦波产生不同频率的声音。如果结合一个LED，配合同样的正弦波产生灯光的话，就是一个完整的报警器了。

所需元器件

- 1× 蜂鸣器

硬件连接

按图6.1连接示意图连接，注意蜂鸣器长引脚为正（+），短引脚为（-）。短引脚接到GND，长引脚接到数字口8。

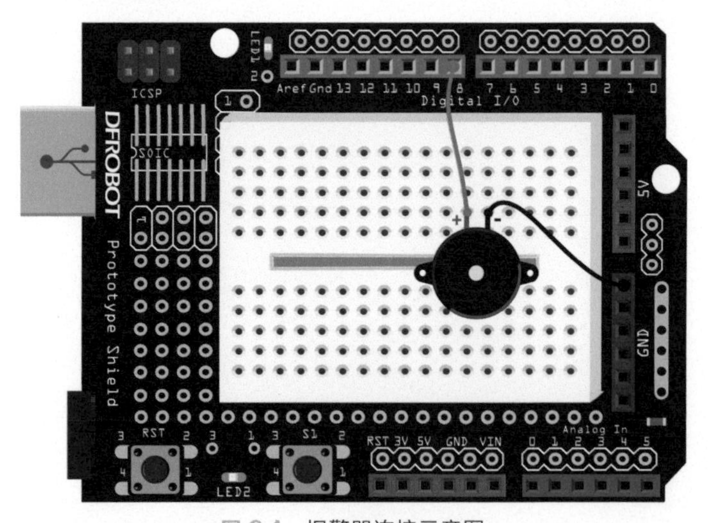

图 6.1　报警器连接示意图

输入程序

输入下面的样例程序6.1，这段程序引自《Beginning Arduino》一书。

样例程序6.1

```
//项目6 报警器
float sinVal;
int toneVal;

void setup(){
  pinMode(8,OUTPUT);
}

void loop(){
  for(int x=0; x<180; x++){
    sinVal = (sin(x*(3.1412/180)));
    //将sin函数角度转化为弧度
    toneVal = 2000+(int(sinVal*1000));
    //用sin函数值产生声音的频率
    tone(8,toneVal);
    //把频率值发送给数字口8
    delay(2);
  }
}
```

下载程序完成后，你会听到忽高忽低的报警声，如同汽车报警器。

程序回顾

首先，定义两个变量：

```
float sinVal;
int toneVal;
```

浮点型变量sinVal用来存储正弦值，正弦波呈现一个波浪形的变化，变化比较均匀，所以我们选用正弦波的变化作为我们声音频率的变换依据，toneVal从sinVal变量中获得数值，并把它转换为所需要的频率。

这里用的是sin()函数，这是一个数学函数，可以算出一个角度的正弦值，这个函数采用弧度单位。因为我们不想让函数值出现负数，所以设置for循环在0~179之间，也就是在0° ~180° 之间循环。

```
for(int x=0;x<180;x++){}
```

函数sin()用的是弧度单位，不是角度单位。要通过公式将角度转为弧度：

```
sinVal = (sin(x*(3.1416/180)));
```

之后，将这个值转变成相应的报警声音的频率：

```
toneVal = 2000+(int(sinVal*1000));
```

这里有个知识点——浮点型值转换为整型。sinVal是浮点型变量，也就是含小数点的值，而我们是不希望频率出现小数点的，所以需要有一个浮点值转换为整型值的过程，也就是用下面这句语句就完成了这件事：

```
int(sinVal*1000)
```

把sinVal乘以1000，转换为整型后再加上2000赋值给变量toneVal，现在toneVal就是一个合适的声音频率了。

之后，用tone()函数把生成的这个频率发送给蜂鸣器。

```
tone(8,toneVal);
```

下面我们来介绍一下与tone相关的3个函数。

（1）tone(pin,frequency)

pin是指连接到蜂鸣器的数字引脚，frequency是以Hz为单位的频率值。

（2）tone(pin,frequency,duration)

第二个函数有个duration参数，它是以毫秒为单位表示声音长度的参数。在第一个函数中，如果没有指定duration，声音将一直持续，直到输出一个不同频率的声音。

（3）noTone(pin)

noTone(pin)函数，结束该指定引脚上产生的声音。

蜂鸣器

蜂鸣器其实就是一种会发声的电子元器件。蜂鸣器主要分为压电式蜂鸣器和电磁式蜂鸣器两种类型。

压电式蜂鸣器和电磁式蜂鸣器的区别

压电式蜂鸣器以压电陶瓷的压电效应来带动金属片的振动而发声。当受到外力导致压电材料形变时，压电材料会产生电荷。电磁式的蜂鸣器则是利用通电导体会产生磁场的特性，通电时将金属振动膜吸下，不通电时振动膜依弹力弹回。不能完全理解也没太大关系，不影响我们使用。

压电式蜂鸣器需要比较高的电压才能有足够的声压，一般建议 9V 以上。电磁式蜂鸣器用 1.5V 电压就可以发出 85dB 以上的声压了，只是消耗电流会大大高于压电式蜂鸣器。建议初学者使用电磁式蜂鸣器。

有源蜂鸣器和无源蜂鸣器的区别

无论是压电式蜂鸣器还是电磁式蜂鸣器，都有有源蜂鸣器和无源蜂鸣器两种。

有源蜂鸣器和无源蜂鸣器的根本区别是输入信号的要求不一样。这里的“源”不是指电源，而是指振荡源，有源蜂鸣器内部带振荡源，说白了就是只要一通电就会响。而无源内部不带振荡源，所以如果仅用直流信号，无法使其响，必须用 2~5kHz 的方波去驱动它。

从外观上看，有源、无源蜂鸣器的区别在于有源蜂鸣器有长、短引脚，也就是区分正负极，长引脚为正极，短引脚为负极。而无源蜂鸣器则没有正负极之分，两个引脚长度相同。

所以，对于初学者来说，有源蜂鸣器会更容易上手一点。在套件中，我们为初学者选用的蜂鸣器类型是电磁式有源蜂鸣器。当然，如果有源蜂鸣器玩得够熟练，不妨考虑买一个无源蜂鸣器玩玩，可以演奏出不用的音乐效果。

蜂鸣器的应用有很多，我们可以用蜂鸣器做一些好玩的东西，比如结合红外传感器、超声波传感器、气体传感器，将蜂鸣器用于监测物体靠近报警、测到温度过高报警、有气体泄漏报警等。

课后作业

（1）结合红色 LED 做一个完整的报警器。

提示： 可以让 LED 发光也随着 sin() 函数变化，使声音与灯光节奏保持一致。

（2）结合项目 3 中介绍的按键，做个简易门铃，每次按下按键，蜂鸣器都发出提示音。

第 7 章 温度报警器

在上一章中，我们认识了发声元器件——蜂鸣器，也做了一个简单的小报警器，是不是还不过瘾呢？这次我们要做一个更实用的——温度报警器。当温度到达限定值时，报警器就会响。我们可以用它检测厨房温度，或是将它用于各种需要检测温度的场合。这个项目中，除了要用到蜂鸣器外，还需要一个LM35温度传感器。

这是我们第一次接触传感器，传感器是什么？单从字面理解就是一种能感知周围环境、并把感知到的信号转换为电信号的感应元器件。感应元器件再把电信号传递给控制器。它就好比人的各个感官，感知周围环境后，再传递信息给大脑。

所需元器件

- 1× 蜂鸣器

- 1×LM35温度传感器

硬件连接

蜂鸣器和第6章的接法相同。在接LM35温度传感器时，注意3个引脚的位置，有LM35字样的一面面向自己，从左至右依次接5V、Analog 0、GND，如图7.1所示。

输入程序

样例程序7.1

```
//项目7 温度报警器
  float sinVal;
  int toneVal;
  unsigned long tepTimer ;
  void setup(){
    pinMode(8,OUTPUT);          //蜂鸣器引脚设置
```

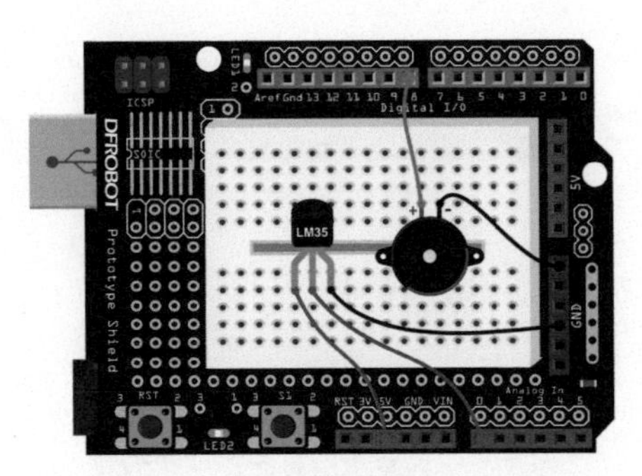

图 7.1　温度报警器连接示意图

```
   Serial.begin(9600);          //设置波特率为9600
  }

  void loop(){
    int val;                   //用于存储LM35读到的值
    double data;               //用于存储已转换的温度值
    val=analogRead(0);         //LM35连到模拟口，并从模拟口读值
    data = (double) val * (5/10.24);  //得到电压值，通过公式换成温度

    if(data>27){               //如果温度大于27℃，蜂鸣器响
    for(int x=0;x<180;x++){
      sinVal = (sin(x*(3.1412/180)));
      //将角度转化为弧度
      toneVal = 2000+(int(sinVal*1000));
      //产生声音的频率
      tone(8,toneVal);
      //把声音频率值发送给引脚8
      delay(2);
    }
  }
  else {             //如果温度小于27℃，关闭蜂鸣器
  noTone(8);         //关闭蜂鸣器
  }

    if(millis() - tepTimer > 500){       //每500ms，串口输出一次温度值
       tepTimer = millis();
       Serial.print("temperature:");       //串口输出“温度”
       Serial.print(data);              //串口输出温度值
       Serial.println("C");              //串口输出温度单位
     }
}
```

下载完程序后，打开Arduino IDE的串口监视器（见图7.2）。

图 7.2　打开 Arduino IDE 的串口监视器

设置串口监视器的波特率为9600 baud（见图7.3）。

图 7.3　设置串口监视器的波特率

可以直接从串口中读取温度值，并尝试升高周围环境温度，或者用手直接接触LM35使其升温，可以很直观地看到温度有明显的变化（见图7.4）。

```
COM18                                   发送
temperature: 21.48C
temperature: 21.48C
temperature: 21.48C
temperature: 21.48C
temperature: 21.48C
temperature: 21.48C
temperature: 21.48C
temperature: 21.97C
temperature: 21.97C
temperature: 22.46C
temperature: 22.95C
temperature: 22.95C
temperature: 22.95C
temperature: 22.95C
temperature: 23.44C
temperature: 23.44C
temperature: 23.44C
temperature: 23.44C
temperature: 22.95C
temperature: 22.95C
自动滚动                换行和回车    9600 baud
```

图 7.4　从串口中读取温度值的变化

蜂鸣器工作的条件是，一旦检测到环境温度大于27℃，蜂鸣器鸣响；环境温度小于27℃，则关闭蜂鸣器。

程序回顾

这段程序与我们第6章的程序大部分内容是相同的，程序中的大部分语法在前几个项目中已经说过了，现在看起来是不是有点头绪了呢？

程序一开始设置了三个变量:

```
float sinVal;
int toneVal;
unsigned long tepTimer;
```

前两个变量就不说了，第6章程序回顾中已做解释，第三个变量tepTimer，是一个无符号的长整型（unsigned long），用于存放机器时间，便于定时在串口输出温度值。由于机器运行时间较长，所以选用一个长整型；又由于时间不为负，选用无符号长整型。对于变量类型不明确的，可以再回看第3章的相关解释。

setup()函数的第一句，我们想必已经很熟了，设置蜂鸣器为输出模式，有人可能会问为什么LM35不用设置呢？LM35是个模拟量传感器，模拟量不需要设置引脚模式。pinMode只用于数字引脚。

Arduino的通信伙伴——串口

串口是Arduino和外界进行通信的一个简单的方式。每个Arduino都至少有一个串口，UNO的串口分别与数字引脚0(RX)和数字引脚1(TX)相连。所以如果要用到串口通信，数字引脚0和1不能用于输入输出功能。

Arduino下载程序也是通过串口来完成的。所以，下载程序的时候，USB将占用数字引脚0(RX)和数字引脚1(TX)。此时，在下载程序的过程中，RX和TX引脚不能接任何东西,否则会产生冲突，可以下载完之后再接上。

在以后的使用过程中，需要特别注意一些无线通信模块，通常会用到TX、RX。所以下载程序时，需将模块先取下，避免造成程序下载不进去的情况。

串口可用的函数也有好多，可查看语法手册。我们这里就先介绍几个常用的，例如:

```
Serial.begin(9600);
```

这个函数用于初始化串口波特率，也就是数据传输的速率，是使用串口必不可少的函数。使用时直接输入相应设定的数值就可以了，如果不是一些特定的无线模块对波特率有特殊要求，波特率设置只需和串口监视器保持一致即可。我们这里就只是用于串口监视器。

再到loop()函数内部，开始部分又声明了两个变量val和data，注释中已对这两个变量进行说明了，这两个变量与前面声明的两个变量不同的是，这两个是局部变量，只在loop()函数内部起作用。关于全局变量和局部变量的区别，可以参看第2章中的说明。

```
val=analogRead(0);
```

这里用到了一个新函数——analogRead(pin)。

这个函数用于从模拟口读数值，pin是指连接的模拟口。Arduino的模拟口连接到一个10位A/D转换器，输入0~5V的电压对应读到0~1023的数值，每个读到的数值对应的都是一个电压值。

我们这里读到的是温度的电压值，以0~1023的方式输出。而LM35温度传感器每10mV对应1℃。

```
data = (double) val * (5/10.24);
```

从传感器中读到的电压值范围是0~1023，将该值分成1024份，再把结果乘以5，映射到0~5V，因为每10mV对应1℃，需要再乘以100得到一个double型温度值，最后赋给data变量。

后面进入一个if语句，对温度值进行判断。这里的if语句与之前讲的有所不同。if…else用于对两种情况进行判断的情况。

if…else语句格式：

```
if(表达式){
   语句1;
}
else{
   语句2;
}
```

表达式结果为真时，执行语句1，放弃语句2的执行，接着跳过if语句，执行if语句的下一条语句；如果表达式结果为假，执行语句2，放弃语句1的执行，接着跳过if语句，执行if语句的下一条语句。无论如何，对于一次条件的判断，语句1和语句2只能有一个被执行，不能同时被执行。

回到我们的程序，if中的语句就省略不说了，不明白的可以回看第6章。

```
if(data>27){
   for(int x=0;x<180;x++){
      ++;
  }
}
else {
   ……
}
```

进入if判断，对data也就是温度值进行判断，如果它大于27，进入if前半段，蜂鸣器鸣响；否则，进入else后的语句，关闭蜂鸣器。

除了不断检测温度进行报警，我们还需要程序在串口实时显示温度。这里又用到

millis() 函数（第3章中有说明），利用固定的机器时间，每隔500ms定时向串口发出数据。

那串口收到数据后，如何在串口监视器上显示呢？就要用到下面的两个语句：

```
Serial.print(val);
Serial.println(val);
```

print() 的解释是，以我们可读的ASCII码形式从串口输出。

这条命令有多种形式：

（1）数字以位形式输出（例1）；

（2）浮点型数据输出时只保留小数点后两位（例2）；

（3）字符和字符串原样输出，字符需要加单引号（例3），字符串需要加双引号（例4）。

例1：Serial.print(78)；输出“78”；

例2：Serial.print(1.23456)；输出“1.23”；

例3：Serial.print('N')；　输出“N”；

例4：Serial.print("Hello world.")；　输出“Hello world.”。

不仅有我们上面这种形式输出，还可以以二进制形式输出，可以参看语法手册。

println() 与 print() 的区别就是，println() 比 print() 多了回车换行功能，其他完全相同。

串口监视器输出还有一条比较常见的语句是 Serial.write()，它不是以ASCII码形式输出，而是以字节形式输出，如果感兴趣可以查看语法手册。

程序中，可能有一处会让人不太明白：

```
Serial.print(data);
```

有人会问，data 不是字符串吗？怎么输出的是数字呢？不要忘了，这是我们前面定义的变量，它其实就是代表数字，输出的当然就是数字了。

LM35

LM35是一种常见的温度传感器，使用简便，不需要额外的校准处理就可以达到±1/4℃的准确度。

我们看一下LM35引脚示意图（见图7.5），Vs接入电源，Vout是电压输出，GND接地。

计算公式：

V_{out} = 10mV/℃ × T℃（温度范围在2~40℃）

这个公式是从哪里来的呢？如果我们换用其他的温度传感器该怎么改呢？可以查芯片的使用说明书，也叫作Datasheet。Datasheet会提供出厂芯片所有的性能参数，也会告诉你一些简单典型电路的搭建方法。以后碰到其他传感器、不同的芯片就能通过这个方法来得到计算公式。

我们试一下搜索LM35，图7.6所示的公式就截取自LM35的Datasheet。图中显示的就是LM35的计算公式。

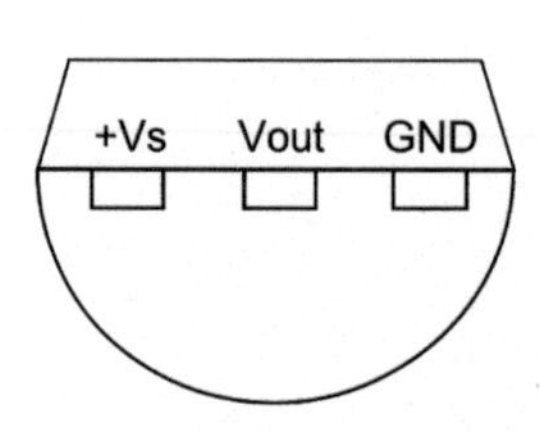

图 7.5　LM35 引脚示意图

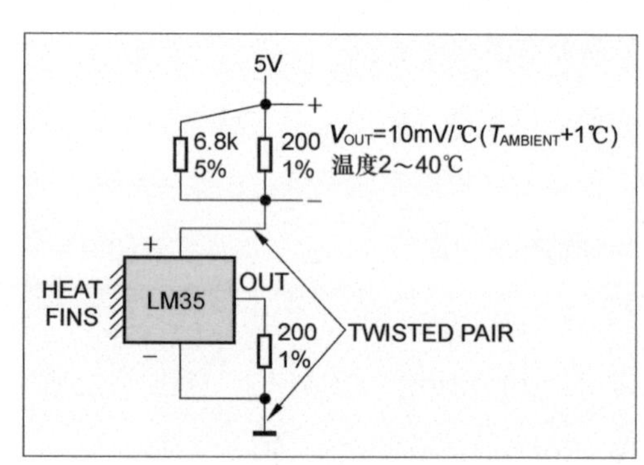

图 7.6　LM35 计算公式

课后作业

将我们上面的温度报警器与LED结合，在不同的温度范围显示不同颜色，并伴随不同频率的声音。

比如：温度小于10℃或者大于35℃，亮红灯，蜂鸣器发出比较急促的声音。

温度在25~35℃，亮黄灯，蜂鸣器发出相对缓和的声音。

温度在10~25℃，亮绿灯，关闭蜂鸣器。

温度报警器可以用于植物种植等对环境温度有要求的地方。发挥你的想象，看看还能玩出什么好玩的东西？

第 8 章　振动传感器

振动传感器，从名字就可以看出是指能够检测振动中的物体的传感器。我们用什么来做振动传感器呢？那就是滚珠开关。滚珠开关内部含有导电珠子，元器件一旦振动，珠子随之滚动，就能使两端的导针导通。

通过这个原理，我们可以应用它做一些小玩具。最常见的，比如小孩子一闪一闪的小鞋子！在走动的过程中，内部珠子就会滚动。

只要传感器检测到物体振动，就会有信号输出。这里，我们想通过滚珠开关做个简单的振动传感器，并把振动传感器和LED结合，当传感器检测到物体振动时，LED亮起；停止振动时，LED熄灭。

所需元器件

- 1× 滚珠开关 SW200D
- 1×5mm LED
- 1×220Ω电阻

硬件连接

从滚珠开关这个名字，我们可以把它和什么联想在一起呢？就是按键开关，滚珠开关和第3章介绍的按键开关在硬件连接上是完全相同的，原理也相似，只是使用方法不同而已。可以把图8.1对应第3章的硬件连接图一起看，你会发现很多相似之处，滚珠开关也需要一个下拉电阻，LED需要一个限流电阻。

输入程序

样例程序8.1

```
//项目8 振动传感器
int SensorLED = 13;          //定义LED为数字口13
int SensorINPUT = 3;         //连接振动开关到中断1，也就是数字口3
```

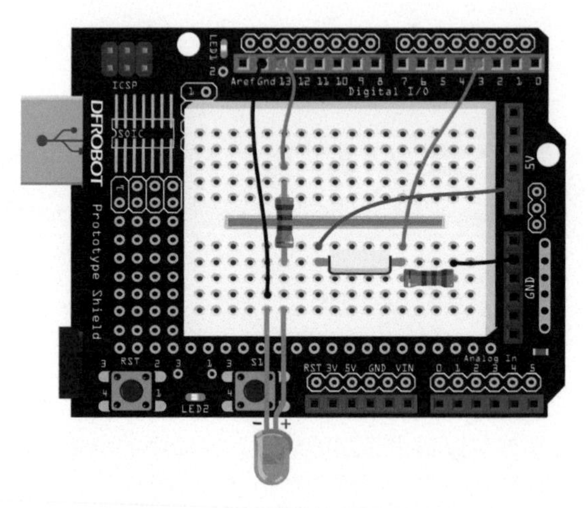

图 8.1　振动传感器连接示意图

```
unsigned char state = 0;

void setup() {
  pinMode(SensorLED,OUTPUT);           //LED为输出模式
  pinMode(SensorINPUT,INPUT);          //振动开关为输入模式

  //在低电平变高电平的过程中，触发中断1，调用blink函数
  attachInterrupt(1,blink,RISING);
 }

void loop(){
  if(state!=0){                   //如果state不是0
     state = 0;                    //state值赋为0
     digitalWrite(SensorLED,HIGH);    //亮灯
     delay(500);              //延时500ms
  }
  else{
     digitalWrite(SensorLED,LOW);      //否则，关灯
 }
}

void blink(){                            //中断函数blink()
  state++;                  //一旦中断触发，state就不断自加
}
```

当我们晃动板子时，LED 也会随之亮起；一旦停止晃动，LED 又恢复到熄灭的状态。

程序回顾

程序虽不长，但还是不太容易理解的。先大致说一下程序的运行过程。

在没有任何干扰的情况下，程序在不断运行着，让LED一直处于关闭。突然，板子被人打扰了（也就是晃动板子），就跳到中断函数blink()中（当然进入中断也是要条件的，我们后面说）。此时，state不断自加，产生连锁反应，主函数中if函数检测到state不为0了，那么就让LED亮起，同时又重新让state变为0，等待下一次中断。如果没有中断，LED又恢复到熄灭的状态。

简单说了一下程序的运行过程，重复的知识点就不做说明了。重点说一下中断函数attachInterrupt()。

什么是中断？打个比方吧，比如你在家看电视，突然电话铃响了，那么你不得不停止看电视，先去接电话，等接完电话后，再继续看电视。在整个过程中，接电话就是一个中断过程，电话铃响就是中断的标志，或者说是中断条件。

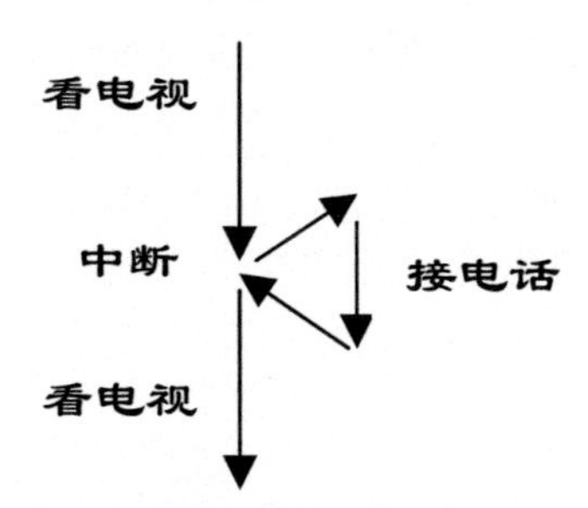

现在知道中断是什么意思了，再回到attachInterrupt()函数，它是一个当外部发生中断时，才被唤醒的函数。区别于其他函数，它依附于中断引脚。大多数Arduino板子都有两个外部中断引脚：数字口2（中断0）和数字口3（中断1）。中断0与中断1是中断号，在函数中需要用到。不同板子，中断号对应的引脚可能不同，可以查阅Arduino官方编程语法手册。

attachInterrupt()需要3个传递参数：

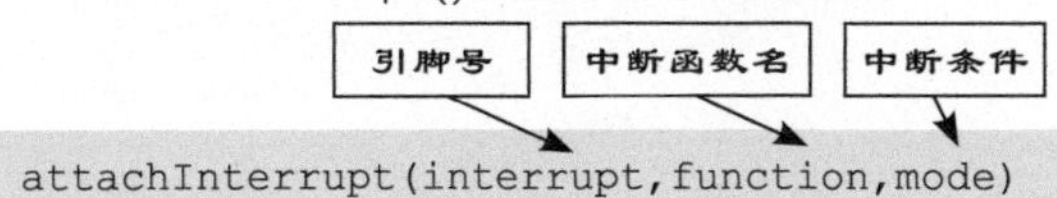


```
attachInterrupt(interrupt,function,mode)
```

interrupt：中断号0或者1。如果选择中断0，硬件上要连接到数字引脚2；如果选择中断1，要连接到数字引脚3。

function：调用的中断函数名。写中断函数时，需要特别说明以下3点。

① 我们在写中断函数的时候，该函数不能含有参数和返回值。也就是说，要写一个无返回值的函数。

② 中断函数中不要使用delay()和millis()函数，因为数值不会继续变化。

③ 中断函数中不要读取串口，串口收到的数据可能会丢失。

mode：中断的条件。只有以下4种特定的情况。

① LOW：当引脚为低电平时，触发中断。

② CHANGE：当引脚电平发生改变时，触发中断。

③ RISING：当引脚由低电平变为高电平时，触发中断。

④ FALLING：当引脚由高电平变为低电平时，触发中断。

知道了attachInterrupt()函数的用法，回归到我们的程序中：

```
attachInterrupt(1,blink,RISING);
```

对应上面的说明看：1，指中断号1，所以滚珠开关接到数字引脚3；blink是我们下面要调用的中断函数；RISING指引脚3在由低变高的一瞬间触发中断。

为什么要选RISING呢？由于硬件我们还没提到，我们就先把滚珠开关想象成按键。在按键没被按下的时候，电路是断开的，引脚3处于低电平的状态。一旦按键被按下，就和5V导通，变为高电平。这个过程是引脚由低电平变高电平的过程，所以选择RISING模式。

滚珠开关

滚珠开关，也叫作珠子开关、振动开关等。虽然叫法不同，不过原理是相同的，就是通过珠子滚动接触导针的原理来控制电路的通断，看图8.2的结构图就明白了。

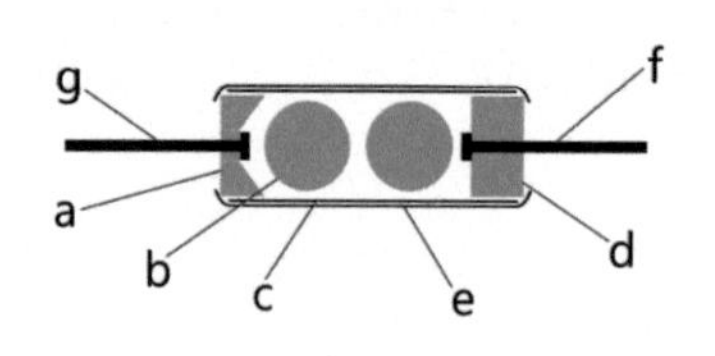

a. 青铜盖
b. 青铜珠子
c. 青铜管
d. PC胶座
e. 热缩管
f. 青铜导针（镀金）
g. 磷铜弹簧夹

图 8.2 滚珠开关内部结构图

滚珠开关内部有两个珠子，通过珠子滚动接触导针的原理来控制电路的接通或者断开。传感器振动或晃动时，珠子就会接触导针，从而导通。还需要注意的一点是，由于滚珠开关内部构造的缘故，滚珠开关只有金色导针一端是导通的，银色导针一端是不导通的。这就是往金色一端倾斜时，灯会点亮；而往银色一端倾斜时，灯不会被点亮的原因。

第 9 章 感光灯

本章将介绍一个新元器件——光敏电阻。从名字可以看出，这个元器件是依赖光作用的。在黑暗的环境中，光敏电阻具有非常高的阻值。光线越强，电阻值反而越低。通过读取这个电阻值，就可以检查光线的明暗了。我们这里选用的是光敏二极管，光敏二极管是光敏电阻中的一种，只是它还具有正负极性。

我们这次做的项目非常好玩，叫作感光灯，它能随着光线明暗而选择是否亮灯。这个光感灯很适合用作夜晚使用的小夜灯。晚上睡觉的时候，家中灯关掉后，感光灯感觉到周围环境变暗了，就自动亮起。到了白天，天亮后，感光灯就又恢复到关闭的状态。

所需元器件

- 1×5mm LED
- 1×220Ω 电阻
- 1×10kΩ 电阻
- 1× 光敏二极管
- 1× 手电筒（可选）

硬件连接

LED的接法还是和以往一样，而光敏二极管是有正负极的，和LED一样，也是遵循长正（+）短负（-）的原则，接线方式如图9.1所示。还需注意与光敏二极管相连的电阻是10kΩ的，而不是220Ω的。

输入程序

样例程序9.1

```
//项目9　感光灯
int LED = 13;                      //设置LED为数字口13
int val = 0;                       //设置模拟口0读取光敏二极管的电压值
```

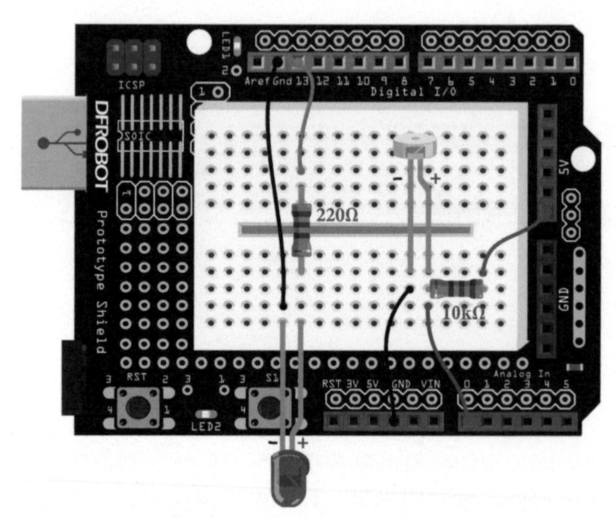

图 9.1　感光灯连接示意图

```
void setup(){
  pinMode(LED,OUTPUT);          //LED为输出模式
  Serial.begin(9600);           //串口波特率设置为9600
}

void loop(){
  val = analogRead(0);          //读取电压值0~1023
  Serial.println(val);          //串口查看电压值的变化
  if(val<1000){                 //一旦小于设定的值，LED熄灭
    digitalWrite(LED,LOW);
  }else{                        //否则LED亮起
    digitalWrite(LED,HIGH);
  }
  delay(10);                    //延时10ms
}
```

下载完程序后，LED会亮起，这时，拿一个手电筒（也可以用手机后置摄像头的闪光灯）照你的光敏二极管，就会发现LED神奇地自动熄灭。一旦手电筒移开，LED又再次亮起。

程序回顾

这段程序想必你能看懂大部分了吧？我就简单说一下可能不明白的地方。

我们之前在第7章中讲LM35温度传感器的时候，也用到了模拟口读值。强调了模拟量不需要输入/输出模式。这里，也同样用模拟口读取光敏二极管的模拟值。

一旦有光照射，读出的模拟值就会减小，这里设定的上限值是1000。这个值可以按你需要的亮度来选取。选取方法：先把整个装置放在你想让LED熄灭的环境下，然后打开串口，查看串口显示的值，用这个值替换掉程序中的1000。

从串口读值，是一种很好的调试程序的方法。

光敏二极管

这里接触了一种新元器件——光敏元器件。这类元器件是将光信号变成电信号的特殊电子元器件。元器件内部有特殊的光导材料，外部用塑料或者玻璃封装。光线照射在这类光导材料上时，光敏元器件的电阻值就会迅速变小。光敏元器件有很多，光敏电阻、光敏二极管、光敏三极管等，不过原理是差不多的。我们这里选用的是光敏二极管。

光敏二极管的用法与光敏电阻类似，但作为二极管是有正负极的，所以在连线的时候也要注意正负极。

光敏二极管在黑暗的环境中阻值非常高。光线越强，电阻值反而越低。随着两端电阻值的减小，电压也就相应减小（从模拟口读到的值也就变小，模拟口0~1023的值对应的是0~5V的电压值）。

那电压为什么会减小呢？这就要用到我们初中学的物理知识——分压原理。让我们通过一个典型的分压电路（见图9.2），看看它是如何工作的。

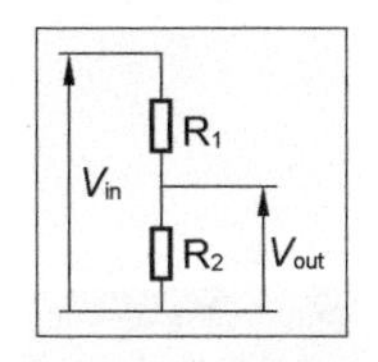

图 9.2　分压电路图

输入电压 V_{in}（我们这里也就是5V）连在两个电阻上，只测量通过电阻 R_2 的电压 V_{out}，其电压将小于输入电压。计算 R_2 两端的 V_{out} 电压公式如下所示。

$$V_{out}=\frac{R_2}{R_1+R_2}\times V_{in}$$

在我们这项目中，R_1 代表的是10kΩ电阻，R_2 代表的是光敏二极管。本来 R_2 在黑暗中，阻值很大，所以 V_{out} 也就很大，接近5V。一旦有光线照射，R_2 的值就会迅速减小，所以 V_{out} 也就随之减小了，读取的电压值就小。通过上面这个公式可以看出，R_1 选取得不能太小，最好在1~10kΩ以内，否则比值变化不明显。

第 10 章 舵机初动

本章要接触到舵机。舵机是一种电机，它通过一个反馈系统来控制电机的旋转位置，可以很好地掌握电机旋转角度。大多数舵机可以最大旋转180°，也有一些能旋转更大角度，甚至360°。舵机比较多地用于对角度有要求的地方，比如摄像头、智能小车前置探测器、需要在某个范围内进行监测的移动平台。舵机的用处有很多，可以把它放到玩具中，让玩具动起来。还可以用多个舵机，做个小型机器人，舵机可以用作机器人的关节部分。

Arduino也提供了<Servo.h>库，让我们使用舵机变得更方便。

先从简单的制作入手，套件中这个9g小舵机是180° 的，我们就让它在0° ~180° 之间来回转动。

所需元器件

- 1×Arduino UNO R3

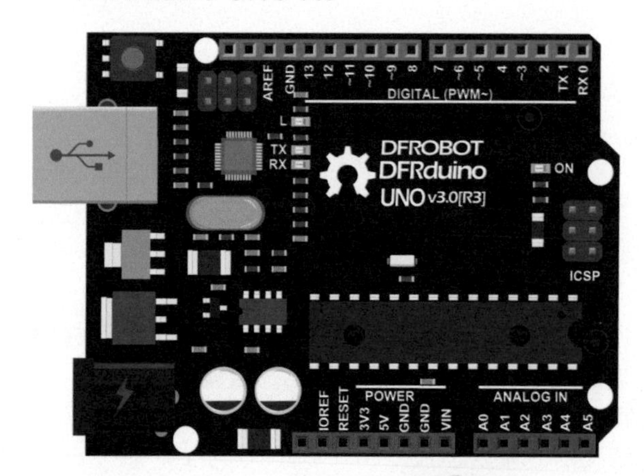

- 1×Micro Servo 9g

硬件连接

这个项目的连线很简单，只需按图 10.1 所示连接舵机的 3 根线就可以了，连的时候注意线序，舵机引出 3 根线，一根是红色的，连到 +5V 上；另一根是棕色的（有些是黑的），连到 GND；还有一根是黄色或者橘色的，连到数字引脚 9。

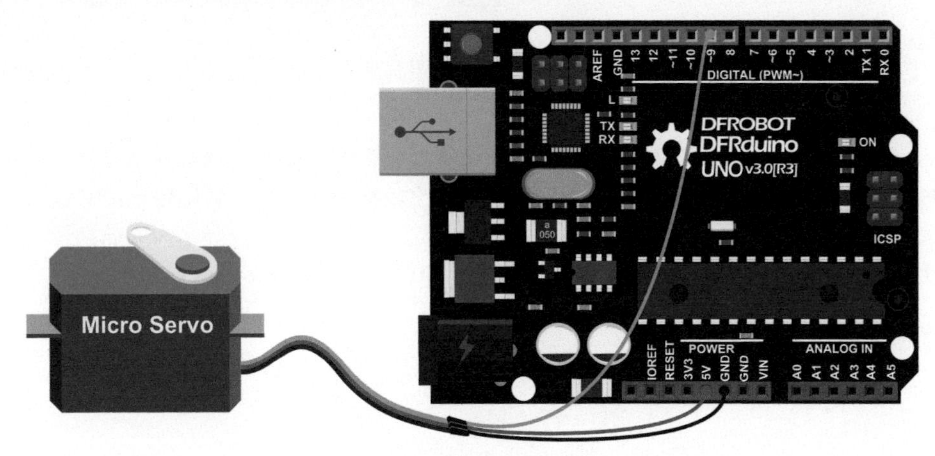

图 10.1　舵机连接示意图

输入程序

样例程序 10.1

```
//项目10 舵机
#include <Servo.h>          //声明调用Servo.h库
Servo myservo;              //创建一个舵机对象
int pos = 0;                //变量pos用来存储舵机位置
void setup() {
  myservo.attach(9);        //将引脚 9 上的舵机与声明的舵机对象连接起来
  }

void loop() {
  for(pos = 0;pos < 180;pos += 1){         //舵机从0°转到180°，每次增加1°
     myservo.write(pos);                   //给舵机写入角度
     delay(15);                            //延时15ms让舵机转到指定位置
  }
  for(pos = 180;pos>=1;pos-=1) {           //舵机从180°转回到0°，每次减小1°
     myservo.write(pos);                   //写角度到舵机
     delay(15);                            //延时15ms让舵机转到指定位置
  }
}
```

下载程序后我们可以看到舵机在0°~180°来回转动。

程序回顾

程序一开始，先调用<Servo.h>库：

```
#include <Servo.h>
```

这个库已经在Arduino IDE中了，可以打开Arduino-1.0.5/libraries/Servo/Servo.h，这就是Servo库所在位置。

我们怎么理解库呢？和我们前面讲到的函数意义是差不多的。函数通常是按一个个功能来划分的，就像一个个小的储物柜，函数名好比储物柜标签名。我们使用的时候，直接看标签就好了。那库是什么呢？库则是把多个函数封装打包起来，好比大的储物柜，里面含有一个个小的储物柜。不知道这样说，你是不是能理解库和函数的关系了？

同样，大储物柜也需要一个标签，这个标签的学名叫“对象”。所以这里叫创建一个对象，就是我们接下来的这条语句：

```
Servo myservo;            //创建一个舵机对象
```

变量pos我们就不说了，用来存放角度值。setup()函数中有一条语句：

```
myservo.attach(9);
```

这里就开始调用Servo库中的函数了，和我们以前调用函数有点区别，这里，我们需要先指明这是哪个库中的函数。所以，先指出对象名，再指出函数名。每次要用到储物柜的东西，就要先指明这个标签，这样程序才知道要去哪里找东西。

库函数调用格式如下：

对象名.函数名();

不要忘了中间的“.”！ myservo是我们前面设的标签（对象），然后调用的函数是：

```
attach(pin);
```

attach(pin)函数有一个传递参数——pin，可以是任意一个数字口（不建议使用0、1）。我们这里选择数字口9。

进入主函数，有两个for循环，第一段是从0开始，循环到180，每次增加1；第二个for循环则是从180开始，每次减小1，一直减到0，再回到上面那个循环中……

for循环中又调用了一个Servo库中的函数write(pos)，我们可以不用管函数内部复杂的程序，只要先会使用就可以了。

```
myservo.write(pos);
```

和上面那个函数调用一样，先要指明是哪个库。该函数的传递参数就是角度，单位为“°”。

如果还想了解Servo库中还有哪些好用的函数，可以参看下面的网址，里面会有相关介绍的。

Servo库：在Arduino官网搜索“Servo”。

我们这里对舵机的硬件部分就不做详细说明了，先学会简单地使用即可。如果还想了解更多的话，可以借助我们的网络资源，例如登录DF创客社区。

第 11 章 可控舵机

在上一章中，我们学习了如何让舵机动起来，本章将进一步通过外部信号来让舵机改变角度，方便做一些可控的转动装置。我们通过一个可变电阻——电位器，来控制舵机。当然你也可以利用其他的模拟量或者数字量来控制舵机。用模拟量的话，比如改造一下前面的感光灯，变成一个会动的感光灯。用数字量的话，比如通过一个按键、倾斜开关等，一旦触发开关，就能让舵机转动。可以有很多玩法，再给舵机加个外壳，让它更具生命力。

所需元器件

- 1×Micro Servo 9g

- 1×10kΩ电位器

硬件连接

本章与前面一章的不同之处在于多了一个电位器，电位器相当于一个可变阻值的电阻，有两个引脚的一边分别接5V与GND，而只有单独一个引脚的一边接模拟口0，用于输入信号。连接方法如图11.1所示。

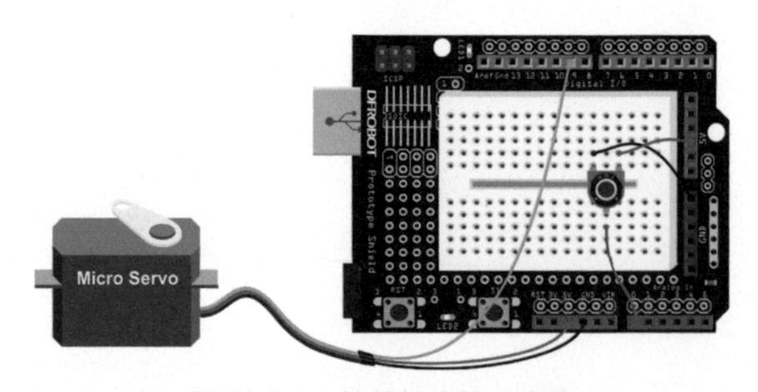

图 11.1 可控舵机连接示意图

输入程序

样例程序11.1

```
//项目11 可控舵机
#include <Servo.h>                //声明调用Servo.h库
Servo myservo;                    //创建一个舵机对象

int potPin = 0;                   //连接到模拟口0
int val;                          //变量val用来存储从模拟口0读到的值

void setup() {
  myservo.attach(9);              //将引脚9上的舵机与声明的舵机对象连接起来
}

void loop() {
  val = analogRead(potPin);               //从模拟口0读值，并通过val记录
  val = map(val,0,1023,0,179);            //通过map函数进行数值转换
  myservo.write(val);                     //给舵机写入角度
  delay(15);                              //延时15ms让舵机转到指定位置
}
```

下载程序后，旋转电位器，看看舵机是不是随着电位器转动。

程序回顾

程序的开始部分需要调用<Servo.h>库，并创建相应的对象。同时，需要一个模拟口用来读取电位器的值，我们这里用变量potPin代表模拟口0。

这里主要讲一下map函数。

函数格式如下：

```
map(value,fromLow,fromHigh,toLow,toHigh)
```

map函数的作用是将一个数从一个范围映射到另一个范围。也就是说，会将 fromLow到 fromHigh 之间的值映射到 toLow到toHigh 之间。

map函数参数含义：

value：需要映射的值；

fromLow：当前范围值的下限；

fromHigh：当前范围值的上限；

toLow：目标范围值的下限；

toHigh：目标范围值的上限。

map函数的神奇之处还在于，两个范围中的“下限”可以比“上限”更大或者更小，因此map()函数可以用来翻转数值的范围，可以这么写：

```
y = map(x,1,50,50,1);
```

这个函数同样可以处理负数，请看下面这个例子：

```
y = map(x,1,50,50,-100);
val = map(val,0,1023,0,179);
```

所以，回到程序中，我们想将模拟口读到的0~1023的值，转换为舵机的0°~180°。

电位器

电位器可以理解为一个阻值可变的电阻。我们这里可调节的范围是0~10kΩ。电阻两端接电源，通过中间引脚调节阻值，随着电阻值的改变而带动电压变化。我们用模拟口0读取到这个变化中的电压值，并转换为对应的舵机的角度值。这就是整个控制过程。

电位器在电路上的图标如图11.2所示，分别对应元器件上的3个引脚。

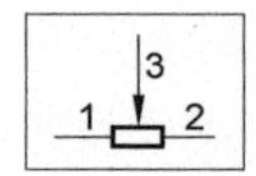

图11.2　电位器在电路上的图标

简单看一下原理，不知道你还记不记得在第9章中讲到的分压原理。电位器用的同样是分压原理。我们可以这样理解，电位器被拆分为上下两个电阻R_1和R_2，转动电位器，上下阻值发生变化，从而对应的输出电压就不同。想象切蛋糕，分到的蛋糕（电阻）越多，吃下去的能量（电压V_{out}）也就越大（见图11.3）。电压值大小的变化可以直接通过模拟口读到的值（0~1023）反映出来。

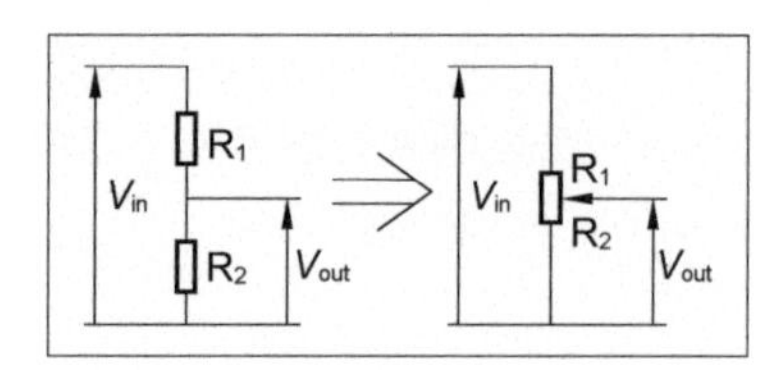

图11.3　电位器分压原理示意图

第 12 章　彩灯调光台

在第5章中，我们已经接触过RGB LED了，它可以实现变色效果，这次我们需要加入互动元素。通过3个电位器来任意变换对应的R、G、B，组合成任何你想要的颜色。在家做个心情灯吧，随心情任意切换。

所需元器件

- 1×5mm RGB LED 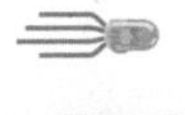
- 3×220Ω电阻 
- 3×10kΩ 电位器 

硬件连接

连接方法如图12.1所示。

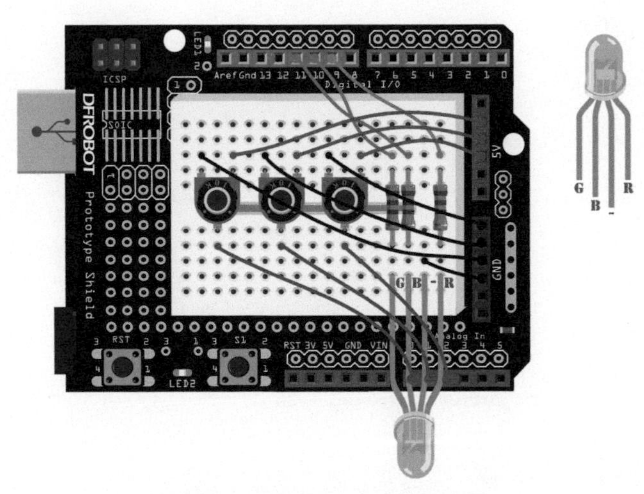

图 12.1　彩灯调光台连接示意图

输入程序

样例程序12.1

```
//项目12 互动彩灯
int redPin = 9;                  //R - 数字口9
int greenPin = 10;               //G - 数字口10
int bluePin = 11;                //B - 数字口11
int potRedPin = 0;               //电位器1 - 模拟口0
int potGreenPin = 1;             //电位器2 - 模拟口1
int potBluePin = 2;              //电位器3 - 模拟口2

void setup(){
  pinMode(redPin,OUTPUT);
  pinMode(greenPin,OUTPUT);
  pinMode(bluePin,OUTPUT);
  Serial.begin(9600);              //初始化串口
}

void loop(){
  int potRed = analogRead(potRedPin);         //potRed存储模拟口0读到的值
  int potGreen = analogRead(potGreenPin);     //potGreen存储模拟口1读到的值
  int potBlue = analogRead(potBluePin);       //potBlue存储模拟口2读到的值

  int val1 = map(potRed,0,1023,0,255);        //通过map函数转换为0~255的值
  int val2 = map(potGreen,0,1023,0,255);
  int val3 = map(potBlue,0,1023,0,255);

  //串口依次输出Red, Green, Blue对应值
  Serial.print("Red:");
  Serial.print(val1);
  Serial.print("Green:");
  Serial.print(val2);
  Serial.print("Blue:");
  Serial.println(val3);

  colorRGB(val1,val2,val3);       //让RGB LED 呈现对应颜色
}

//该函数用于显示颜色
void colorRGB(int red,int green,int blue){
  analogWrite(redPin,constrain(red,0,255));
  analogWrite(greenPin,constrain(green,0,255));
  analogWrite(bluePin,constrain(blue,0,255));
}
```

下载程序，旋转3个电位器，可以变化出不同的颜色。

第13章　自制风扇

本章我们要做一个小风扇，同时会接触两个新元器件——继电器、直流电机。继电器我们可以理解为用较小的电流去控制较大电流的一种“自动开关”。在这里，继电器是用来控制电机转动的。

所需元器件

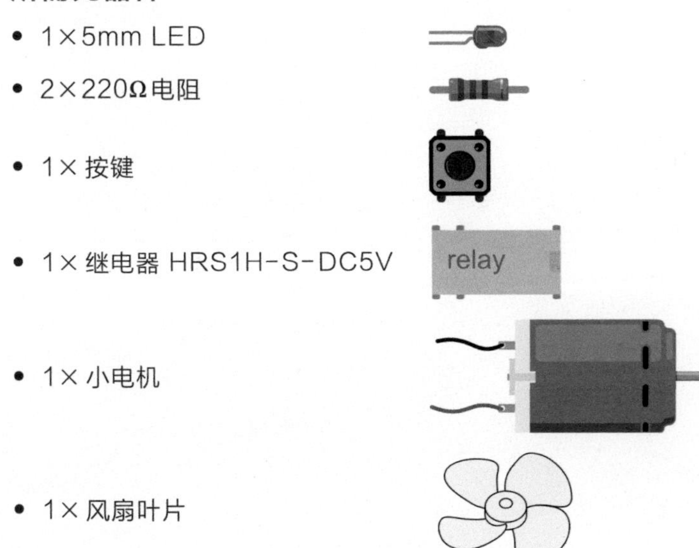

- 1×5mm LED
- 2×220Ω电阻
- 1× 按键
- 1× 继电器 HRS1H-S-DC5V
- 1× 小电机
- 1× 风扇叶片

硬件连接

按图13.1进行连线，按键接线与第3章类似，连接到数字口2。按键一端连接5V，另一端连接GND，并用一个220Ω的电阻作为下拉电阻，以防引脚悬空干扰。继电器有6个引脚，分别标有序号。1、2引脚为继电器的信号输入引脚，分别接Arduino的数字口和GND。3、4、5、6口为继电器的控制输出引脚，这里只使用4、6两个引脚。我们把继电器想成一个开关，开关也只要用到两个引脚。

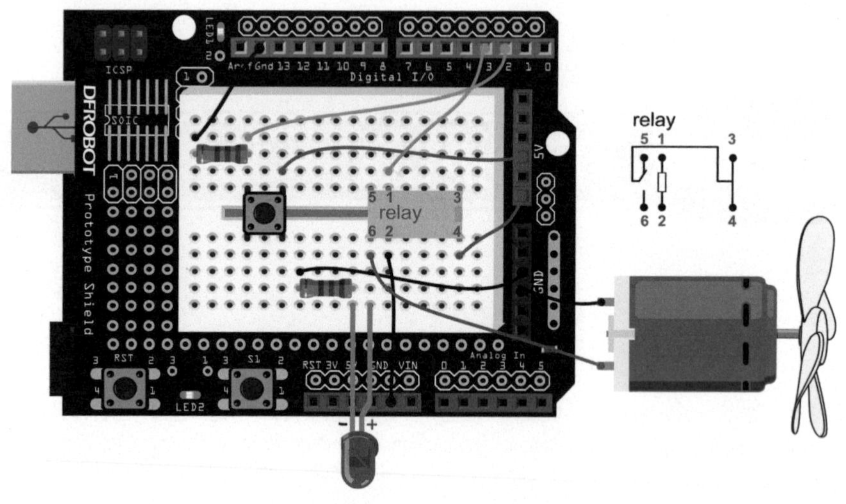

图 13.1　风扇连接示意图

输入程序

样例程序 13.1

```
//项目13  Arduino控制风扇转动
int buttonPin = 2;                          //button连接到数字口2
int relayPin = 3;                           //继电器连接到数字口3
int relayState = HIGH;                      //继电器初始状态为HIGH
int buttonState;                            //记录button当前状态值
int lastButtonState = LOW;                  //记录button前一个状态值
long lastDebounceTime = 0;
long debounceDelay = 50;                    //去除抖动时间

void setup() {
  pinMode(buttonPin,INPUT);
  pinMode(relayPin,OUTPUT);

digitalWrite(relayPin,relayState);          //设置继电器的初始状态
}

void loop() {
  int reading = digitalRead(buttonPin);     //reading用来存储buttonPin的数据

  //一旦检测到数据发生变化，记录当前时间
  if (reading != lastButtonState) {
```

```
    lastDebounceTime = millis();
  }

//等待50ms，再进行一次判断，是否和当前button状态相同
//如果和当前状态不相同，改变button状态
//同时，如果button状态为高（也就是被按下），那么就改变继电器的状态
  if ((millis() - lastDebounceTime) > debounceDelay) {
    if (reading != buttonState) {
      buttonState = reading;

      if (buttonState == HIGH) {
         relayState = !relayState;
      }
    }
  }
  digitalWrite(relayPin,relayState);

  //改变button前一个状态值
  lastButtonState = reading;
}
```

通过按键，可以控制电机和LED的开和关。

程序回顾

程序的大部分内容没有什么难度，主要说一下按键去抖问题。

```
  if (reading != lastButtonState) {
    lastDebounceTime = millis();
  }
  if ((millis() - lastDebounceTime) > debounceDelay) {
    if (reading != buttonState) {
      St
    }
  }
```

reading有变化之后，不是立即就采取相应的行动，而是先“按兵不动”，判断这个信号是不是“错误信号”，所以再等待一阵（通过millis来实现这个等待过程），发现确实是前方发过来的正确信号，再执行相关动作。

之所以这么做，是因为按键在被按下时，会有个抖动的过程，而不是输出立刻由低变高，或者由高变低。所以这个过程中，可能会产生错误信号，我们通过程序中的这种控制，来解决硬件上的这个问题。

继电器

我们可以把继电器理解为一个“开关”，实际上是用较小的电流去控制较大电流的“开关”。这里只是为了让初学者了解继电器工作原理，所以没有使用较大电流的元器件，而是选用只需要5V就能驱动的直流电机。

如图13.2所示，我们来看一下继电器的内部构造。

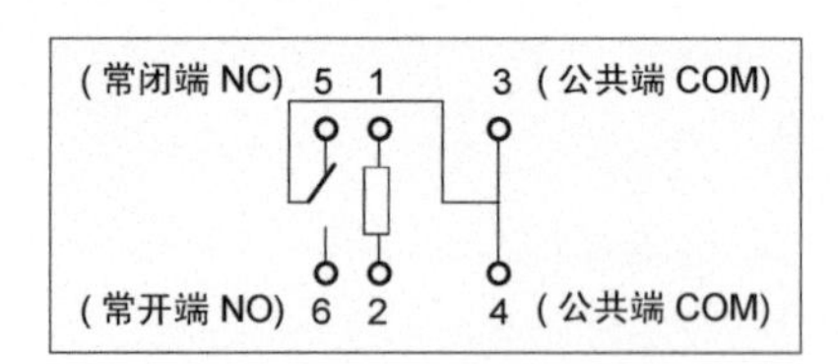

图 13.2 继电器内部构造

这款继电器一共有6个引脚。1、2引脚用来接Arduino的数字引脚和GND。通过数字引脚驱动继电器。1、2两端为线圈两端。Arduino给高电平后，线圈中有电流，线圈就会产生磁性（就像磁铁一样），吸合中间的触片（能听到“哒”的一声），常开端（NO）就与公共端导通。相反，如果Arduino给低电平，线圈中没有电流，常闭端（NC）就与公共端导通。

所以，电路中我们接了4、6引脚用于控制电机和LED的通断，当然也可以用引脚3、6。

直流电机、直流减速电机与舵机的区别

普通直流电机是我们接触比较多的电机，一般只有两个引脚，上电就能转动，正负极反接则反向转动。它做着周而复始的圆周运动，无法进行角度的控制，不过通过电机驱动板，可以对转速进行控制。由于普通电机转速过快，一般不直接用在智能小车上。

直流减速电机在普通电机上加了减速箱，这样便降低了转速，使得普通电机有更广泛的使用空间，比如可以用在智能小车上，同样也可以通过PWM来进行调速。

舵机也是一种电机，它通过一个反馈系统来控制电机的位置，可以用来控制角度。所以，舵机经常用来控制一些机器人手臂关节的转动。

第 14 章　红外遥控灯

本章中我们会接触一个新的元器件——红外接收管。所谓红外接收管，就是接收红外光的电子元器件。红外接收管感觉好像离我们很遥远，其实不然，它就在我们身边。比如电视机、空调这些家电，都需要用到红外接收管。我们知道遥控器发射出来的都是红外光，电视机势必要有红外接收管才能接收到遥控器发过来的红外信号。

这次就用红外接收管做个遥控灯，通过遥控器的红色电源键来控制LED的开关。

在开始做遥控灯之前，我们先做一个预热实验，通过串口来了解如何使用红外接收管和遥控器。

预热实验

所需元器件

- 1× 红外接收管

- 1×mini 遥控器

硬件连接

看到图 14.1 所示的连接示意图是不是很高兴？这应该是本书中我们看到的最容易的连接了，只需要连接3根线，注意一下正负就可以了。红外接收管 *V*out输出接到数字口11。

输入程序

这段程序可以不用自己手动输入，我们提供现成的IRremote库，在我们的“教程程序”文件夹中的“14.1”中，把整个库的压缩包解压到Arduino IDE的安装位置Arduino 1.0.5/ libraries文件夹中，直接运行Example中的IRrecvDemo程序即可。如果还不是很明白如何加载库，可以回看一下第5章课后作业部分，那里对如何加载库做了详细说明。

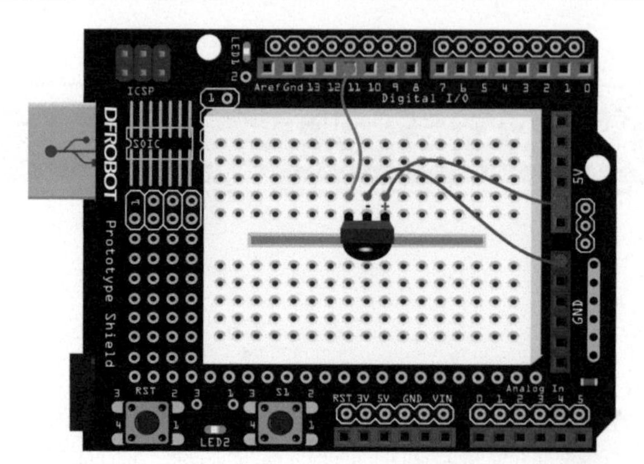

图 14.1　红外接收管连接示意图

样例程序14.1

```
//这段程序来自IRremote库中examples中的 IRrecvDemo
//项目14 红外接收管
#include <IRremote.h>              //调用IRremote.h库
int RECV_PIN = 11;                 //定义RECV_PIN变量为11
IRrecv irrecv(RECV_PIN);           //设置RECV_PIN（也就是11引脚）为红外接收端
decode_results results;            //定义results变量为红外结果存放位置

void setup(){
  Serial.begin(9600);              //串口波特率设为9600
  irrecv.enableIRIn();             //启动红外解码
}

void loop() {
   //是否接收到解码数据,把接收到的数据存储在变量results中
  if (irrecv.decode(&results)) {
     //接收到的数据以十六进制的方式在串口输出
  Serial.println(results.value, HEX);
  irrecv.resume();  //继续等待接收下一组信号
 }
}
```

下载完成后，打开Arduino IDE的串口监视器（Serial Monitor），设置波特率（baud）为9600，与程序中Serial.begin(9600)相匹配（见图14.2）。

图 14.2　设置波特率

设置完后，用mini遥控器的按键对着红外接收管的方向，按下任意按键，我们都能在串口监视器上看到相对应的代码。如图14.3所示，按数字“0”，接收到对应的十六进制代码FD30CF。每个按键都有一个特定的十六进制的代码。

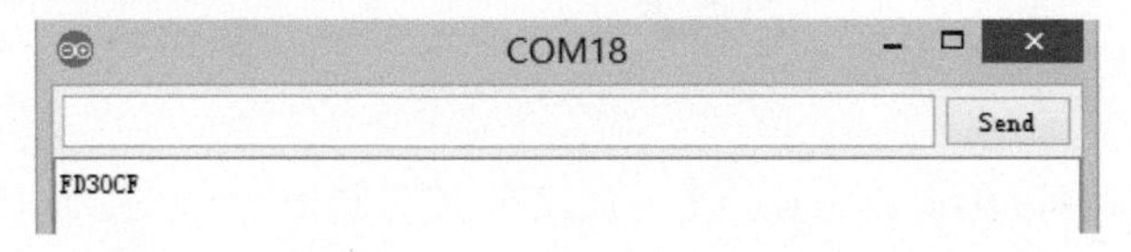

图 14.3　按数字“0”，接收到对应的十六进制代码

如果按住一个键不放就会出现“FFFFFFFF”（见图14.4）。

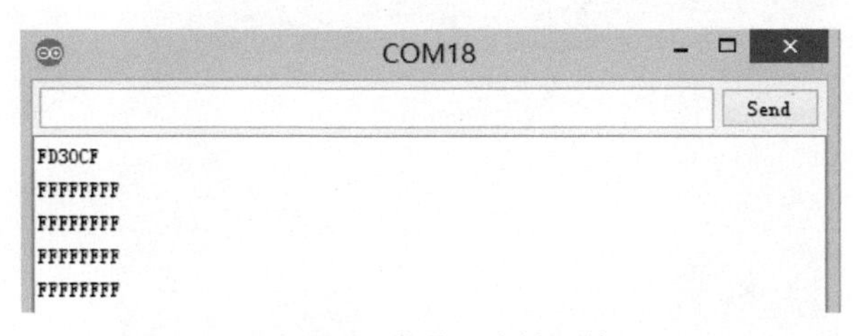

图 14.4　按住一个键不放

在串口中，正确接收的话，应该收到以FD-开头的6位数。如果遥控器没有对准红外接收管，可能会接收到错误的代码（见图14.5）。

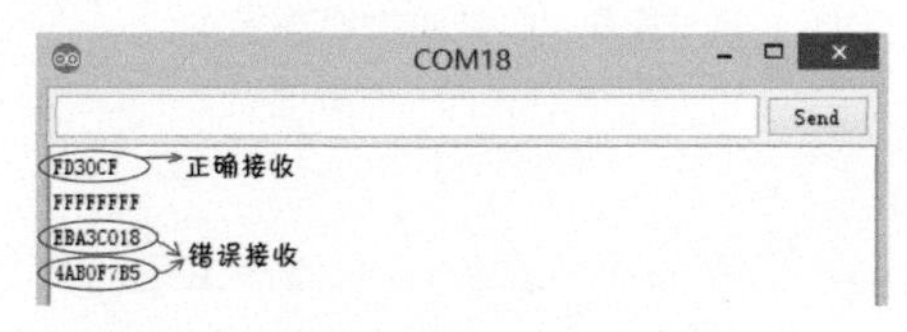

图 14.5　遥控器是否对准红外接收管

上面这段程序我们没有像以前一样一步一步做详细说明，原因就是红外解码较为复杂，所幸高手把这些难的工作已经做好了，提供给我们这个IRremote库，我们只需要会用就可以了。要用的时候，把程序原样搬过来。

预热完之后，我们言归正传，开始制作遥控灯。

所需元器件

- 1×5mm LED　

- 1×220Ω电阻
- 1×红外接收管

- 1×mini遥控器

硬件连接

这次其实就是在预热实验的基础上，加了个LED和电阻，LED使用的是数字口10。红外接收管仍然接的是数字口11。连接方法如图14.6所示。

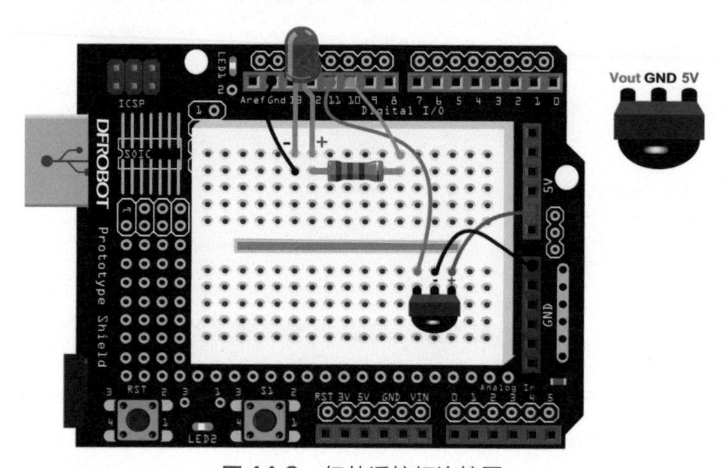

图 14.6　红外遥控灯连接图

输入程序

这里不建议一步一步输入程序，可以在原有的程序上进行修改，观察相比前一段程序增加了哪些内容。

样例程序14.2

```
#include <IRremote.h>
int RECV_PIN = 11;
int ledPin = 10;                    //LED - 数字口10
boolean ledState = LOW;             //ledstate用来存储LED的状态
IRrecv irrecv(RECV_PIN);
decode_results results;
```

```
void setup(){
  Serial.begin(9600);
  irrecv.enableIRIn();
  pinMode(ledPin,OUTPUT);           //设置LED为输出状态
}

void loop() {
  if (irrecv.decode(&results)) {
    Serial.println(results.value, HEX);
    //一旦接收到电源键的程序，LED翻转状态，HIGH变LOW，或者LOW变HIGH
    if(results.value == 0xFD00FF){
  ledState = !ledState;                 //取反
  digitalWrite(ledPin,ledState);        //改变LED相应状态
     }
  irrecv.resume();
  }
}
```

程序回顾

程序一开始还是对红外接收管的一些常规定义，按原样搬过来就可以了。

```
#include <IRremote.h>              //调用IRremote.h库
  int RECV_PIN = 11;               //定义RECV_PIN变量为11
  IRrecv irrecv(RECV_PIN);         //设置RECV_PIN（也就是11引脚）为红外接收端
  decode_results results;          //定义results变量为红外结果存放位置

  int ledPin = 10;                 //LED – 数字口10
  boolean ledState = LOW;          //ledstate用来存储LED的状态
```

在这里，我们多定义了一个变量ledState，通过名字应该就可以看出含义了，它用来存储LED的状态，由于LED状态就两种（1或者0），所以我们使用boolean变量类型，（可回看第3章中，表3.1列举出的数据类型）。

setup()函数中，对使用串口、启动红外解码、数字口模式进行设置。

到了主函数loop()，一开始还是先判断是否接收到红外码，并把接收到的数据存储在变量results中。

```
if (irrecv.decode(&results))
```

一旦接收到数据后，程序就要做两件事。第一件事，判断是否接收到了电源键的红外码。

```
if(results.value == 0xFD00FF)
```

第二件事，就是让LED改变状态。

```
ledState = !ledState;                    //取反
digitalWrite(ledPin,ledState);           //改变LED相应状态
```

这里你可能对“！”比较陌生，“！”是一个逻辑非的符号，就是“取反”的意思。我们知道“！=”代表的是不等于的意思，也就是相反。这里可以类推为，!ledState是ledState相反的一个状态。“！”只能用于只有两种状态的变量，也就是boolean型变量中。

最后，继续等待下一组信号。

```
irrecv.resume();
```

课后作业

（1）通过这个遥控项目，结合上一章的风扇，再给遥控器增加一个功能，既可遥控灯，还可遥控风扇。

（2）DIY一个你的遥控作品吧！比如会动的小人，结合我们前面讲的舵机，通过遥控器上不同的按键，让舵机转动不同的角度。发挥你的想象做出更多Arduino作品吧！

第 15 章 红外遥控数码管

数码管是常见的用来显示数字的元器件，比如用于计算器的数字显示。在进行本实验之前，我们先来了解一下数码管是如何工作的。数码管其实也算是LED的一种。数码管的每一段，都是一个独立的LED，通过数字口来控制相应段的亮灭，从而达到显示数字的效果。下面让我们来感受一下数码管的神奇之处吧！

所需元器件

- 1× 八段数码管

- 8×220Ω 电阻

硬件连接

按图 15.1 连接，注意数码管各段所对应的引脚。右边引脚说明图上为什么画这么几个箭头呢？个人觉得，这样看起来更方便，可以给你作参考。我们从上面一排看，红色箭头的方向，从右往左，b→a→f→g 的顺序正好对应下面红色箭头逆时针顺序 b→a→f→g。蓝色箭头也表达同样的意思。

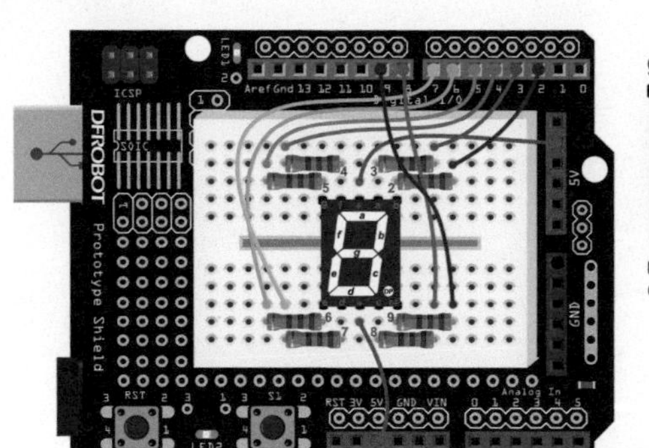

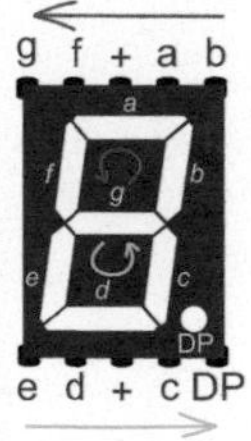

图 15.1　数码管显示连接示意图

我还特意在连接图上对数码管所连接的引脚做了标示。这样就能更清楚地知道哪个引脚控制哪一段数码管了。这8个电阻同样是起限流的作用。

输入程序1

样例程序15.1

```
//项目15  数码管显示
void setup(){
  for(int pin = 2;pin <= 9;pin++){          //设置数字口2~9为输出模式
    pinMode(pin,OUTPUT);
    digitalWrite(pin,HIGH);
  }
}

void loop() {
  //显示数字0
  int n0[8]={0,0,0,1,0,0,0,1};
  //数字口2~9依次按数组n0[8]中的数据显示
  for(int pin =2;pin <= 9;pin++){
  digitalWrite(pin,n0[pin-2]);
  }
delay(500);

  //显示数字1
  int n1[8]={0,1,1,1,1,1,0,1};
  //数字口2~9依次按数组n1[8]中的数据显示
  for(int pin = 2;pin <=9; pin++){
        digitalWrite(pin,n1[pin-2]);
  }
delay(500);

  //显示数字2
  int n2[8]={0,0,1,0,0,0,1,1};
  //数字口2~9依次按数组n2[8]中的数据显示
  for(int pin = 2;pin<=9;pin++){
    digitalWrite(pin,n2[pin-2]);
 }
delay(500);

  //显示数字3
  int n3[8]={0,0,1,0,1,0,0,1};
  //数字口2~9依次按数组n3[8]中的数据显示
```

```
  for(int pin = 2;pin <= 9;pin++){
    digitalWrite(pin,n3[pin-2]);
  }
delay(500);

  //显示数字4
  int n4[8]={0,1,0,0,1,1,0,1};
  //数字口2~9依次按数组n4[8]中的数据显示
  for(int pin = 2;pin <= 9;pin++){
    digitalWrite(pin,n4[pin-2]);
  }
delay(500);

  //显示数字5
  int n5[8]={1,0,0,0,1,0,0,1};
  //数字口2~9依次按数组n5[8]中的数据显示
  for(int pin = 2;pin <= 9;pin++){
    digitalWrite(pin,n5[pin-2]);
  }
delay(500);

  //显示数字6
  int n6[8]={1,0,0,0,0,0,0,1};
  //数字口2~9依次按数组n6[8]中的数据显示
  for(int pin = 2;pin <= 9;pin++){
    digitalWrite(pin,n6[pin-2]);
  }
delay(500);

  //显示数字7
  int n7[8]={0,0,1,1,1,1,0,1};
  //数字口2~9依次按数组n7[8]中的数据显示
  for(int pin = 2;pin <= 9;pin++){
    digitalWrite(pin,n7[pin-2]);
  }
delay(500);

  //显示数字8
  int n8[8]={0,0,0,0,0,0,0,1};
  //数字口2~9依次按数组n8[8]中的数据显示
  for(int pin = 2;pin <= 9;pin++){
    digitalWrite(pin,n8[pin-2]);
  }
```

```
  delay(500);

    //显示数字9
    int n9[8]={0,0,0,0,1,1,0,1};
    //数字口2~9依次按数组n9[8]中的数据显示
    for(int pin = 2;pin <= 9;pin++){
    digitalWrite(pin,n9[pin-2]);
       }
  delay(500);
}
```

下载程序后，数码管就会循环显示0~9的数字。想要看懂程序，首先需要了解数码管的构造，所以我们先说硬件部分。

数码管

数码管其实就是一个前面介绍的LED的组合体，这个组合体包含8个LED，所以也称为八段数码管。说白了就是8个灯：a到g以及小数点DP。其实用法和前面说的LED也是一样的，每段都是一个发光二极管，分别用8个数字口来控制它们的亮灭，通过不同段的显示，就能组成0~9的数字。比如，我们让b、a、f、e、d、c亮起，就能显示一个数字“0”了。

图15.2是引脚说明图，不陌生了吧？在前面进行硬件连接的时候，已经看到过一次了。

这里，b→a→f→g→e→d→c→DP分别连接到Arduino数字口2~9。

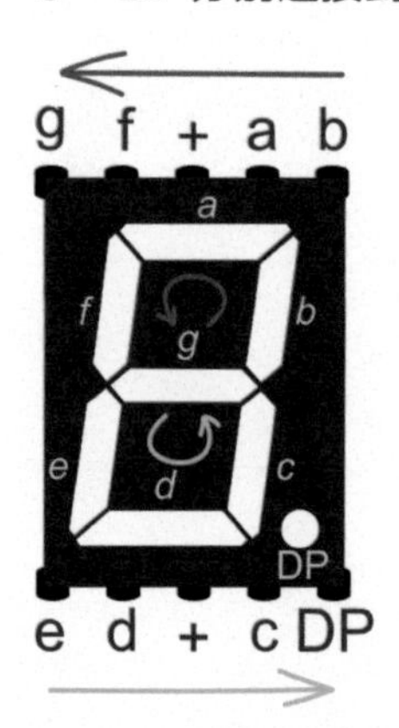

图 15.2 引脚说明图

数码管一共有10个引脚。a~DP 这8个引脚接到数字口，那还有两个引脚呢？这是公共端，LED只有一端是不能被点亮的。我们在RGB灯那章讲到过共阴、共阳的问题，数码管也存在共阴、共阳问题。所谓共阳就是公共端接+5V，共阴则是公共端接GND。

数码管的共阴、共阳在使用上的区别

共阳数码管公共端接5V，在程序中，控制另一端的数字口为LOW，这样才能让数码管点亮。如果是共阴数码管，公共端接GND，在程序中，控制另一端数字口为HIGH，才让数码管点亮。

所以，共阴、共阳只是在程序上稍作修改。我们这里选用的是共阳数码管。对硬件有了了解，我们来看看软件部分。

程序回顾1

硬件部分我们已经说过，数码管需要接到8个数字口，所以在一开始，需要定义8个数字引脚作为输出。这次我们用一个for循环来完成这8个数字口的设置。数码管b、a、f、g、e、d、c、DP分别和Arduino数字口2~9对应。

```
for(int pin = 2;pin <= 9;pin++){
  pinMode(pin,OUTPUT);
  digitalWrite(pin,HIGH);
}
```

从数字口2开始，一直循环到数字口9，都设为OUTPUT模式，初始化为HIGH。前面说过，共阳的话，设置HIGH，不被点亮，所以开始先不点亮数码管。当然，一个一个引脚分开设置输出模式也是不会错的，只是会让程序显得冗长。

好了，到了主函数，要分别显示0~9的数字。程序大部分都是相似的，所以，我们只要看明白了如何显示数字0，那整段程序就都迎刃而解了。

```
int n0[8]={0,0,0,1,0,0,0,1};
```

这里要引入一个数组的概念。数组是一个变量的集合，可以通过索引号来找到数组中的元素。在我们的程序中，声明了一个int型的数组，并取名为n0。之后用8个数值来初始化这个数组。那如何获得数组中的元素呢？只需要简单地指出这个元素的索引号。数组是从0开始索引的，这意味着数组中的第一个元素的索引号是0而不是1，因此数组中的8个元素的索引号是0~7。在这里元素4，对应索引号为3（n0[3]），值为1。元素8（索引号7，n0[7]）的值为1。

声明中n0[8]的方括号中的8代表有8个元素。

定义完数组后，进入又一个for循环。

```
for(int pin = 2;pin <= 9;pin++){
  digitalWrite(pin,n0[pin-2]);
}
```

这个for循环是给2~9数字口写入状态值，也就是HIGH还是LOW，digitalWrite函数中HIGH的另一种形式就是写为“1”，LOW则可以写为“0”。我们通过数组索引的方式给2~9数字口赋值。

比如当pin=2时，代入n0[pin-2]中，对应为n0[0]。n0[0]意思是获得数组的第一个元素，为0，完成了数字口2置低（LOW）。我们前面说了，共阳的数码管，置低（LOW）是被点亮，所以，b端被点亮了；循环到pin=3，a段被点亮；循环到pin=4，f段被点亮，依次类推……

整个循环过程如下：

```
pin=2→n0[0] =0→digitalWrite(2,0)→b段点亮;
pin=3→n0[1] =0→digitalWrite(3,0)→a段点亮;
pin=4→n0[2] =0→digitalWrite(4,0)→f 段点亮;
pin=5→n0[3] =1→digitalWrite(5,1)→g段不点亮;
pin=6→n0[4] =0→digitalWrite(6,0)→e段点亮;
pin=7→n0[5] =0→digitalWrite(7,0)→d段点亮;
pin=8→n0[6] =0→digitalWrite(8,0)→c段点亮;
pin=9→n0[7] =1→digitalWrite(9,1)→DP段不点亮。
```

这样就完成了显示数字“0”了。同样用数组的方法显示数字1~9。自己动手画一下，哪几段亮，哪几段不亮就一目了然了。

明白程序1后，我们要教大家一种更简单的方法。

输入程序2

现在教大家实现这个数码管0~9循环的程序另一种写法，上面我们说到了数组，通过创建10个数组显示0~9。这里同样还是用数组写，区别在于程序1中其实准确地说应该叫一维数组，我们这里用到二维数组。这样一来，可以让程序看起来更简洁。动手输入下面这段程序吧，看看是不是有同样的效果！

样例程序15.2

```
//项目15 数码管数字显示
  int number[10][8] =
  {
    {0,0,0,1,0,0,0,1},    //显示0
    {0,1,1,1,1,1,0,1},    //显示1
    {0,0,1,0,0,0,1,1},    //显示2
    {0,0,1,0,1,0,0,1},    //显示3
    {0,1,0,0,1,1,0,1},    //显示4
    {1,0,0,0,1,0,0,1},    //显示5
    {1,0,0,0,0,0,0,1},    //显示6
```

```
    {0,0,1,1,1,1,0,1},    //显示7
    {0,0,0,0,0,0,0,1},    //显示8
    {0,0,0,0,1,1,0,1}     //显示9
};
void numberShow(int i){            //该函数用来显示数字
  for(int pin = 2;pin <= 9;pin++){
    digitalWrite(pin,number[i][pin - 2]);
  }
}
void setup(){
  for(int pin = 2;pin <= 9;pin++){         //设置数字口2~9为输出模式
    pinMode(pin,OUTPUT);
    digitalWrite(pin,HIGH);
  }
}

void loop() {
  for(int j = 0;j <= 9;j++){
    numberShow(j);          //调用numberShow()函数，显示0~9
    delay(500);
  }
}
```

程序回顾 2

对比一下程序 1，能发现明显的区别在哪里吗？程序 1 中，我们创建了 10 个一维数组，程序 2 只需要创建一个二维数组就可以了。不要被一维、二维数组的名字给吓唬到，其实用法是一样的。

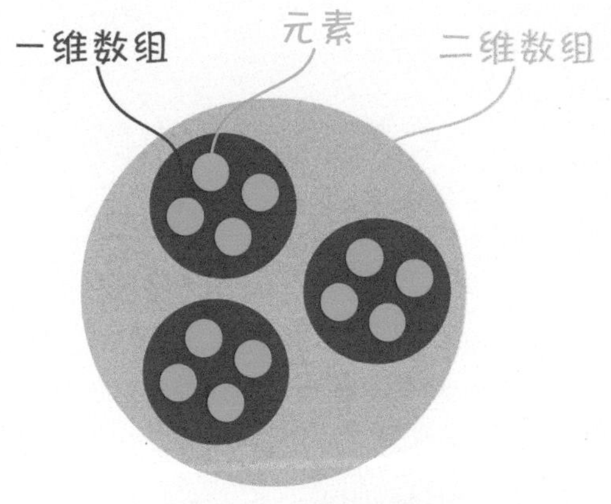

图 15.3　数组关系图

通过图15.3，元素、一维数组、二维数组之间的关系就一目了然了。一维数组由元素组成，而二维数组则是由一个个一维数组组成的，关系就是这么简单。

程序1中一共用了10个数组，每个数组有8个元素，每个元素依次对应到数码管b~DP引脚状态值，这样就能在数码管上反映为0~9的数字显示。

程序2是把前面散开的10个一维数组整合到一起，变为一个二维数组，同样通过索引的方式来找到这些元素。但还是不要忘了索引号也是从0开始的！前面的方括号写入的只是元素个数。看一下程序：

```
int number[10][8] =
{                         number[0][0]
  {0,0,0,1,0,0,0,1},    //显示0
  {0,1,1,1,1,1,0,1},    //显示1
  {0,0,1,0,0,0,1,1},    //显示2
  {0,0,1,0,1,0,0,1},    //显示3
  {0,1,0,0,1,1,0,1},    //显示4
  {1,0,0,0,1,0,0,1},    //显示5
  {1,0,0,0,0,0,0,1},    //显示6
  {0,0,1,1,1,1,0,1},    //显示7          number[9][7]
  {0,0,0,0,0,0,0,1},    //显示8
  {0,0,0,0,1,1,0,1}     //显示9
};
```

这就是一个二维数组。索引号从0开始，如果让你找number[0][0]，能找到是哪个数吗？就是二维数组中第1行的第1个数，为0。number[9][7]也就是第10行的第8个数，为1。

```
void numberShow(int i){             //该函数用来显示数字
  for(int pin=2;pin<=9;pin++)
    digitalWrite(pin,number[i][pin-2]);
}

void loop() {
  for(int j=0; j<=9; j++){
    numberShow(j);          //调用numberShow()函数，显示0~9
    delay(500);
  }
}
```

上面这两段程序我们整合在一起看，loop()主函数中，for循环让变量j在0~9循环，j每赋一次值，numberShow()函数就要运行一次。

numberShow()函数整个运行过程如下：

程序一开始j=0，numberShow(j)即numberShow(0),跳回到上面的number Show()函数，i现在的值就为0了，pin初始值为2，所以digitalWrite()现在值为digitalWrite(2,number[0][0])，回到数组number[10][8]中找到number[0][0]对应的值，为0。此时，digitalWrite(2,0)，代表数字口2被置LOW，数字口2对应的b段点亮（共阳数码管置LOW才被点亮）。之后再是循环pin=3，pin=4，……，一直到pin=9整个for循环才结束，也代表数组的第一行的8个元素全被运行了一遍，最终显示一个数字“0”。

回顾一下程序1是如何显示一个数字“0”的：

```
//显示数字0
int n0[8]={0,0,0,1,0,0,0,1};
//数字口2~9依次按数组n0[8]中的数据显示
  for(int pin = 2;pin <= 9;pin++){
    digitalWrite(pin,n0[pin-2]);
  }
```

原理是一样的，通过给数字口2~9循环赋值，控制数码管b~DP段亮灭，就能显示出一个我们想要的数字。

numberShow(0)循环完，再次回到loop()中的for函数：

```
j=1→numberShow(1)→i=1→number[1][pin-2]→显示数字1;
j=2→numberShow(2)→i=2→number[2][pin-2]→显示数字2;
j=3→numberShow(3)→i=3→number[3][pin-2]→显示数字3;
……
j=9→numberShow(9)→i=9→number[9][pin-2]→显示数字9。
```

以上就是整段程序的分析过程，好好体会一下一维数组和二维数组的区别，以及整段程序是如何巧妙运行的。

了解了数码管和红外接收管各自的工作原理后，我们需要把这两者结合起来，看看红外接收管和数码管结合能迸发出怎样的火花。想到了吗？遥控数码管！ Arduino控制器把红外接收管从mini遥控器那里接到的信号，经处理传达给数码管，让mini遥控器上按0~9对应在数码管上显示0~9，除此之外，还有按前进、后退按键分别将现有数字递减、递增的功能。

所需元器件

- 1× 红外接收管

- 1×mini遥控器

- 1× 八段数码管

- 8×220Ω电阻

硬件连接

你会发现在硬件连接同样就是把第14章和第15章的硬件结合在一起（见图15.4），并没有什么太大变化，如果在连接数码管的时候有些不明白，可以回看前文。

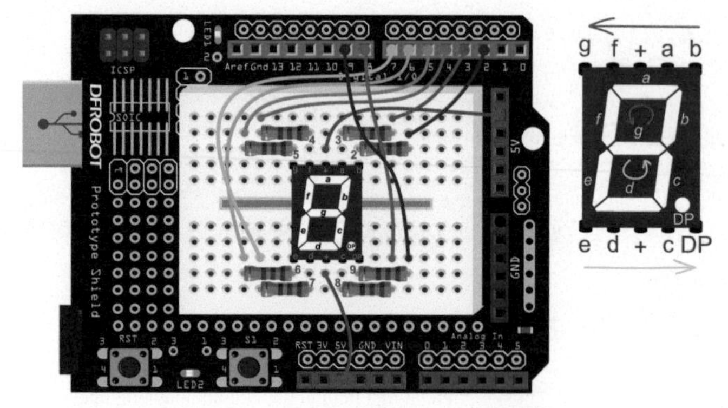

图 15.4 红外遥控数码管连接示意图

输入程序

在输入程序的过程中，结合前面的项目，看看整段程序是如何把这两者整合的，又是如何把红外接收管接收到的信号转变为数码管的显示的。

样例程序15.3

```
//项目16 红外遥控数码管
  #include <IRremote.h>           //调用IRremote.h库
  int RECV_PIN = 11;              //定义RECV_PIN变量为11
  IRrecv irrecv(RECV_PIN);        //设置RECV_PIN（也就是11数字口）为红外接收端
  decode_results results;         //定义results变量为红外结果存放位置
  int currentNumber = 0;          //该变量用于存放当前数字

  long codes[12]=                 //该数组用来存放红外遥控器发出的红外码
  {
     0xFD30CF,0xFD08F7,                    //0 ,1
     0xFD8877,0xFD48B7,                    //2 ,3
     0xFD28D7,0xFDA857,                    //4 ,5
     0xFD6897,0xFD18E7,                    //6 ,7
```

```
    0xFD9867,0xFD58A7,                    //8 ,9
    0xFD20DF,0xFD609F,                    //+ ,-
};

int number[10][8] =                    //该数组用来存放数码管显示的数字
{
  {0,0,0,1,0,0,0,1},//0
  {0,1,1,1,1,1,0,1},//1
  {0,0,1,0,0,0,1,1},//2
  {0,0,1,0,1,0,0,1},//3
  {0,1,0,0,1,1,0,1},//4
  {1,0,0,0,1,0,0,1},//5
  {1,0,0,0,0,0,0,1},//6
  {0,0,1,1,1,1,0,1},//7
  {0,0,0,0,0,0,0,1},//8
  {0,0,0,0,1,1,0,1} //9
};

void numberShow(int i) {                          //该函数用来让数码管显示数字
  for(int pin = 2;pin <= 9;pin++){
  digitalWrite(pin,number[i][pin - 2]);
  }
}

void setup(){
  Serial.begin(9600);                 //设置波特率为9600
  irrecv.enableIRIn();                //启动红外解码

  for(int pin = 2;pin <= 9;pin++){    //设置数字口2~9为输出模式
  pinMode(pin,OUTPUT);
  digitalWrite(pin,HIGH);
   }
}

void loop() {
 //判断是否接收到解码数据，把接收到的数据存储在变量results中
  if (irrecv.decode(&results)) {
    for(int i = 0;i <= 11;i++){
    //判断是否接收到0~9按键的红外码
      if(results.value == codes[i]&& i <= 9){
      numberShow(i);  //在数码管上对应显示0~9
      currentNumber = i;  //把当前显示的值赋给变量currentNumber
      Serial.println(i);
```

```
      break;
            }

      //判断是否接收到递减的红外码，并且当前值不为 0
      else if(results.value == codes[10]&& currentNumber != 0){
        currentNumber--;                    //当前值递减
        numberShow(currentNumber);          //数码管显示递减后的值
        Serial.println(currentNumber);      //串口输出递减后的值
      break;
      }

      //判断是否接收到递增的红外码，并且当前值不为 9
      else if(results.value == codes[11]&& currentNumber != 9){
        currentNumber++;                    //当前值递增
        numberShow(currentNumber);          //数码管显示递增后的值
        Serial.println(currentNumber);      //串口输出递增后的值
      break;
     }
  }

  Serial.println(results.value,HEX);   //串口监视器查看红外码
  irrecv.resume();    //等待接收下一个信号
    }
}
```

图 15.5　遥控数按键说明

下载完程序后，尝试按图 15.5 指出部分的按键，看看数码管的显示怎样变化。

程序回顾

程序一开始还是对红外接收管的一些常规定义。

```
#include <IRremote.h>               //调用IRremote.h库
  int RECV_PIN = 11;                //定义RECV_PIN变量为11
  IRrecv irrecv(RECV_PIN);          //设置RECV_PIN（也就是11数字口）为红外接收端
  decode_results results;           //定义results变量为红外结果存放位置
  int currentNumber = 0;            //该变量用于存放当前数字
```

在这里，我们多定义了一个变量currentNumber。这个变量的作用是存储当前的数字，以便数字递增、递减时能找到对应的参照点。

同样用数组的方式来存放这些红外码，0x表示是十六进制。long是变量的类型，如果你还想用遥控器上的其他按键来控制做一些事情，把红外码替换掉就好了。

```
long codes[12]=                   //该数组用来存放红外遥控器发出的红外码
{
  0xFD30CF,0xFD08F7,              //0,1
  0xFD8877,0xFD48B7,              //2,3
  0xFD28D7,0xFDA857,              //4,5
  0xFD6897,0xFD18E7,              //6,7
  0xFD9867,0xFD58A7,              //8,9
  0xFD20DF,0xFD609F,              //前进,后退
};
```

紧接着是一个二维数组number[10][8]的定义。我们在数码管那部分已经说明了，通过调用数组的元素，把这些元素的值依次赋给数码管显示段的控制引脚，并在numberShow()函数中实现数码管数字显示。

setup()函数中，仍然是波特率设置、启动红外解码、数字口模式设置等常规设置。

到了主函数loop()，一开始还是先判断是否接收到红外码，并把接收到的数据存储在变量results中。

```
if (irrecv.decode(&results))
```

一旦接收到数据后，程序就要做两件事。第一件：判断是哪个红外码，对应找到是哪个按键按下的。第二件：找到对应按键后，让数码管执行任务。让我们看看程序是如何完成这两件事的。

第一件事会有3种情况需要判断：第一种情况，按遥控器0~9时，数码管显示数字0~9；第二种情况，每按下“后退”键，数字在原有基础上递减一位，直到减到0为止；第三种情况，每按下“前进”键，数字在原有基础上增一位，直到增到9为止。

对这3种情况进行判断，同样用到了if语句，与以往有所不同的是，我们选择用 if…else if。if…else和if…else if的区别在于else if后面需要接判断表达式，else不需要判断表达式。然而，不管是else还是else if都是依附于if语句存在的，不能独立使用。

回到程序中，这就是以下3种情况：

```
if(results.value == codes[i]&& i <= 9)
if(results.value == codes[10]&& currentNumber != 0)
if(results.value == codes[11]&& currentNumber != 9)
```

第一个if判断的是第一种情况，显示数字0~9。判断条件就是接收到的数据results.value的值是不是数组中codes[0]~codes[9]的红外码。

第二个if判断的是第二种情况，是否接到“后退”键指令，也就是code[10]=0xFD20DF，并且当前显示数字不为0。

第三个if判断的是第三种情况，是否接到“前进”键指令，也就是code[11]=0xFDA857，并且当前显示数字不为9。

还有一个问题——如何找到数组中的元素呢？所以，就需要在if判断前设置一个for循环，让变量i一直在0~11之间循环。

第一件事（判断是哪个红外码）完成后，开始执行第二件事。就是每个if语句后，都有相应的执行程序，就不一一详细说了。

整段程序就讲完了，这段程序应该是所有项目中最复杂的程序，可能一开始不能完全看明白，不过没关系，实践出真知，通过一遍遍不断地尝试，相信你总有一天能明白的。

课后作业

通过这个遥控项目，DIY一个你的遥控作品吧！比如简单的会动的小人，结合我们讲前面的舵机，通过遥控器上不同的按键，让舵机转动不同的角度，发挥你的想象做出更多Arduino作品吧！